Bernhard Leiße

Holz natürlich behandeln

Bernhard Leiße

Holz natürlich behandeln

Oberflächen im Haus färben, schützen, pflegen

Reihe Sanfte Chemie

C.F. Müller Verlag
Alembik Verlag

Alle in diesem Buch enthaltenen Angaben, Daten, Ergebnisse usw. wurden von den Autoren nach bestem Wissen erstellt und von ihnen und dem Verlag mit größtmöglicher Sorgfalt überprüft. Dennoch sind inhaltliche Fehler nicht völlig auszuschließen. Daher erfolgen die Angaben usw. ohne jegliche Verpflichtung oder Garantie des Verlages oder der Autoren. Beide übernehmen keinerlei Verantwortung und Haftung für etwa vorhandene inhaltliche Unrichtigkeiten.

Die Deutsche Bibliothek - CIP Einheitsaufnahme
Leiße, Bernhard:
Holz natürlich behandeln : Oberflächen im Haus färben, schützen, pflegen / Bernhard Leiße. - Heidelberg: Müller; Braunschweig : Alembik-Verl., 1994
(Reihe Sanfte Chemie)
ISBN 3-7880-9882-1

1. Auflage 1994

Umschlag: Johannes Nawrath, Hamburg
Druck: Greiserdruck, Rastatt
Gedruckt auf 100 % Recyclingpapier, chlorfrei

Printed in Germany
ISBN 3-7880-9882-1

Inhalt

Warum Naturfarben zur Holzoberflächenbehandlung ?

Die baubiologische Bewegung hat in den vergangenen 10–15 Jahren eine entscheidende Vorreiterfunktion ausgeübt bei der Aufdeckung, Diskussion, Problematisierung und schließlich Ächtung und Überwindung von chemischen Stoffen im und am Haus. Vor allem der Problemkreis Farben, Lacke und Holzschutzmittel wurde kritisch unter die Lupe genommen. Dabei ist offenkundig geworden, wie Bauwirtschaft, Handwerk und auch Heimwerker, beraten und beeinflußt bis zur Fremdbestimmung, zu mehr oder weniger unfreiwilligen, zumindest aber unkritischen Propagandisten der chemischen Industrie geworden sind. Schadstoffe wie Pentachlorphenol und Formaldehyd wurden zum Synonym für eine aus der Kontrolle geratene Anwendung chemischer Produkte.

Manche der problematischen Substanzen sind heute verschwunden – meist diejenigen, über die in der Öffentlichkeit diskutiert wurde. Dies ist nicht zuletzt auch ein Erfolg der unermüdlichen Arbeit der an der baubiologischen Bewegung Beteiligten. Die Baubiologie darf jedoch nicht nachlassen. Einerseits gibt es für jeden inkriminierten Inhaltsstoff dutzende von potentiellen Ersatzstoffen aus dem Baukasten der organischen Chemie (was bedeutet, daß die Kritik lediglich der Stoffe nur zu einem Hinterherlaufen hinter der Austauschstrategie der Industrie führt). So sind denn auch bekannt problematische oder bereits verbotene Chemikalien durch neue Substanzen, deren toxikologische und ökologische Eigenschaften wenig bekannt sind, ersetzt und damit aus der Schußlinie öffentlicher Kritik genommen worden. Andererseits macht sich eine gewisse Müdigkeit bemerkbar: Die Umweltbewußten scheinen sich auf dem Rückzug ins Private zu befinden – auf Kosten des politischen Drucks und der politischen Visionen.[1]

Austauschstrategie der chemischen Industrie

Es darf zwar nicht unterschätzt werden, wenn wir uns – jeder für sich – alle Mühe geben, den Müll trennen, das Autofahren einschränken und das Duschwasser sparen. Doch Aussichten auf ein weniger kontaminiertes Leben bestehen auch für die nächsten Generationen nicht – zumindest dann nicht, wenn nicht über die Kritik an einzelnen Schadstoffen hinaus intensive Schritte erfolgen, die das Reparieren von bereits erfolgten Gesundheits- und Umweltschäden zugunsten einer vorbeugenden, das Erzeugen von Schadstoffen vermeidenden Strategie ersetzen. Die Situation hat sich noch längst nicht entspannt; im Gegenteil: 167 chlororganische Schadstoffe wurden bisher im menschlichen Gewebe analytisch nachgewiesen, ca. 700 anthropogene (vom Menschen in die Welt gesetzte) Stoffe findet man im menschlichen Fettgewebe. Trotz Verwendungsbeschränkungen von PCB's, Hexachlorbenzol, Toxaphen etc. nimmt die Konzentration dieser Gifte in der Umwelt nicht ab, bei Lindan,

Schadstoffe im menschlichen Gewebe

PCB's und PCDD (ein Dioxin) werden die täglich maximal tolerierbaren Aufnahmemengen (das sind die von der Weltgesundheitsorganisation festgelegten ADI-Werte) bereits durch die Nahrungsaufnahme überschritten.[2]

Quelle von Fremdstoffen in Raumluft

Es ist auch nicht damit getan, über die gegenwärtig verwendeten Chemikalien mehr wissen zu wollen und die ggf. schädlichen zu vermeiden. Dazu ist weder Zeit noch Kapazität vorhanden. Die Situation in bewohnten Innenräumen ist besonders dramatisch. Die Quelle von Fremdstoffen in der Raumluft sind in der Regel Lacke, Farben, Holzschutzmittel, Pflegemittel, Haushaltsreiniger etc., also Bauchemikalien und Haushaltsprodukte. Farben und Anstrichmittel bilden *quantitativ* nur einen sehr geringen Teil der Baumasse. *Qualitativ* hingegen schaffen sie die Situation, daß in der Regel nahezu alle raumumschließenden Flächen mit Anstrichen, Beschichtungen und Imprägnierungen versehen sind. Als Folge dieser Tatsache gehören Baustoffe dieser Art zu den ökologisch und toxikologisch relevantesten Materialien überhaupt. Sowohl der Mensch als auch die Raumluft haben permanent unmittelbaren Kontakt zu den raumabschließenden Oberflächen – man sieht Oberflächen, man fühlt Oberflächen, man riecht und atmet die Substanzen ein, die von Oberflächen emittiert werden. Vor allem Holzschutzmittel haben es hier zu trauriger Berühmtheit gebracht.[3]

chemischer Streß

Diesem chemischen Streß ist der menschliche Organismus – dessen evolutionäre Entwicklung sich an der Abwesenheit von naturfremden Schadstoffen orientiert hat – ausgesetzt. Er erkennt diese Stoffe nicht als vertraut, sondern als fremd, und setzt bestimmte Reaktionen in Gang. Diese Reaktionen spielen sich meist im Immunsystem und damit in der körpereigenen Feuerwehr ab, man merkt davon zunächst noch nichts. Das Problem ist nur, daß hunderte von verschiedenen Fremdstoffen auf das Immunsystem einwirken – mal gleichzeitig, mal nacheinander –; das zweite Problem ist, daß das Immunsystem diese Fremdstoffe nicht in unbegrenzter Menge und unbegrenzt lange tolerieren kann. Eines Tages läuft das Faß über – und dann passiert etwas mit dem Imunsystem und dem menschlichen Körper; meist ist es etwas Irreversibles oder nur sehr schwer zu Heilendes.

»umweltfreundliche« Produkte mit fragwürdiger Biographie

Nicht nur das Endprodukt Lack oder Imprägnierung ist toxikologisch relevant, sondern auch sein Lebenslauf von der Gewinnung und Herstellung der Rohstoffe bis hin zum Verbleib in der Umwelt weist zahlreiche ökologische Pferdefüße auf. Pikanterweise sind es gerade die Anstrichsysteme mit in der Werbung besonderer Umweltfreundlichkeit (wasserverdünnbar, Blauer Engel, bleifreie Pigmente), in deren Produktbiographien eine große Zahl besonders fragwürdiger Stationen auftauchen, und für die ein ganzes Regiment von äußerst gesundheits- und umweltschädlichen Stoffen in Bewegung gesetzt wird.[4]

Während der rasanten technischen und chemischen Entwicklung des letzten Jahrhunderts – ausgehend vor allem von der Farbenindustrie – ist schlicht vergessen worden, daß Pflanzen schon seit Jahrmillionen in der Lage sind, hochkomplexe Moleküle aufzubauen, und zwar in ungeheurer Vielzahl und Variationsmöglichkeit. Produziert werden diese pflanzlichen Komplex-Stoffe ausschließlich mit dem vergleichsweise milden Licht der Sonne als Energiequelle und den Pflanzenzellen als Reaktor. Diese Substanzen haben entscheidende Vorteile. Kernpunkt eines Naturstoff-Konzepts ist die Erkenntnis, daß im Bereich der organischen Rohstoffe die Stoffproduktion durch Photosynthese sowohl bezüglich des Einsatzes von Primärenergie (Sonnenenergie) als auch im Hinblick auf Nachhaltigkeit, Regenerierbarkeit, Abbaubarkeit und Minimierung toxikologischer Risiken günstiger zu bewerten sind als Rohstoffe aus der chemischen Retorte. Vereinfacht dargestellt entstammen diese Rohstoffe dem natürlichen CO_2- und H_2O-Kreislauf, dem sie für die Zeit der Nutzung als Anstrichstoff entliehen worden sind. Nach Abschluß der Nutzungsphase kehren sie in das globale CO_2- und H_2O-Reservoir zurück, ohne zu einem Netto-Eintrag in die Umwelt zu führen.

pflanzliche Stoffproduktion als Kernpunkt des Naturstoffkonzepts

Die moderne Pflanzenchemie heutiger Prägung versteht es, aus der Vielzahl natürlicher Rohstoffe pflanzliche und auch rein mineralische Rohstoffe so auszuwählen, daß eventuell schädliche Bestandteile (denn auch die Natur kann mit »Gift« aufwarten) von der Verwendung ausgeschlossen bleiben. Naturfarben werden nicht aus Schierling und Tollkirschensaft erzeugt. Ganz im Gegenteil, es handelt sich um lange bekannte Kulturstoffe; die meisten der verwendeten Rohstoffe sind dem Menschen in pädagogisch-sinnlicher Hinsicht sogar ausgesprochen förderlich. Doch sagt erst die lückenlose, positive Volldeklaration zusammen mit dem vollständigen Lebenslauf etwas über die Einhaltung des Naturstoffkonzeptes und den gesellschaftlichen Nettonutzen eines Produktes aus. Dann allerdings erweist sich das konsequente Naturfarbenkonzept als das Konzept der Zukunft, als ein Konzept ohne chronische humantoxikologische Bedenken und Sondermüllprobleme.[5]

evolutionär vertraute Kulturstoffe...

...ohne toxikologische Bedenken und Sondermüllprobleme

Wer die Welt verändern will, muß bei sich selbst anfangen. Der erste Schritt zu einer ökologisch und baubiologisch einwandfreien Oberfläche ist daher die Anwendung von Naturfarben anstelle der konventionellen Anstrichmittel.

Auswahl von Naturfarben und ihre Verarbeitung auf Holz

Aufgabe und grundsätzliche Merkmale verschiedener Arten von natürlichen Holzoberflächenbehandlungen

Aufgabe von Oberflächenbehandlungen

Holz ist mit einer Vielzahl von Farben und Strukturen ausgestattet. Sein Zauber kann erhalten und gesteigert werden. Aufgrund des gewachsenen, einfach natürlichen Erscheinungsbildes von Holzoberflächen treten daher die rein funktionalen Gesichtspunkte einer Holzkonstruktion oder eines Holzbauteils oft zugunsten eines ästhetisch ansprechenden Gesamtcharakters in den Hintergrund. Dadurch wird der Wert einer Oberflächenbehandlung von Holz hervorgehoben. Die Struktur, die typische Eigenart und vor allem die Schönheit und der Reiz, der von Holzoberflächen ausgehen kann, kommen erst nach einer sinnvollen Oberflächenbehandlung voll zur Geltung. Zudem erfüllt die Oberflächenbehandlung eine Reihe verschiedener Aufgaben. Neben der ästhetisch ansprechenden Betonung der Holzstruktur braucht Holz einen Schutz gegen Verschmutzung, Abnutzung (Stoß, Zerkratzung), Feuchtigkeitseinfluß, gegen UV-Lichteinfluß und gegen weitere mechanische, chemische und (mikro-)biologische Einflüsse (Pilze und Insekten). Außerdem – und das ist für alle im Haushalt tätigen Personen wichtig – soll die Pflege von Holzoberflächen erleichtert werden.

Nur eine möglichst gute Kenntnis der Eigenschaften des lebendigen Werkstoffes Holz sowie der unterschiedlichen Naturprodukte zur Oberflächenbehandlung schaffen die Voraussetzungen für eine optimale Veredlung und Pflege seiner Oberfläche. Auf den Seiten 87-108 ist daher eine genaue Materialkunde sowohl von Holz als auch von Naturfarben zu finden.

Für die Holzverwendung im Außenbereich sind vor allem folgende Gesichtspunkte wichtig: Schutz vor Verschmutzung, UV-Licht, Feuchtigkeitseinfluß und damit indirekt vor Abbau durch Organismen. Beanspruchungen entstehen hier besonders durch Feuchtigkeit (Regen, Nebel, Tau, Kondenswasser), Temperaturwechsel an der Holzoberfläche, Quell- und Schwindspannungen, Sonnenlicht, Winddruck und andere mechanische oder atmosphärische Belastungen. Oberflächenbehandlungen aus Naturfarben sorgen vor, die Funktionssicherheit von Bauteilen über einen langen Zeitraum zu bewahren.

Naturfarben als technisch und ästhetisch optimale Holzveredelung

Während im Außenbereich die Oberflächenbehandlung eher technischen Aspekten genügt, dominieren im Innenbereich der gestalterische und der ästhetische Aspekt. So muß Holz zwar vor Verschmutzung, Abnutzung und auch vor Feuchtigkeitseinfluß geschützt werden. Doch läßt sich gleichzeitig die unvergleichliche Oberfläche von Holz hervorheben und betonen durch matten oder stärkeren Glanz, durch »Anfeuern«, durch Schellacke, Pflanzenwachse, Öle und Harze ...

Geölte Oberflächen

Was ist eigentlich das »Ölen« von Holz? Hierbei wird das Holz mit Ölen oder mit Produkten behandelt, die in ihrer Zusammensetzung im wesentlichen Öle enthalten. Ein weiteres wesentliches Merkmal ist, daß diese Öle und ölhaltigen Produkte auf dem Holz nicht filmbildend verarbeitet werden. Es werden also keine lackartigen Überzüge auf dem Holz erzeugt, sondern das Öl bzw. das ölhaltige Produkt soll restlos in das Holz eindringen, ohne auf der Oberfläche Rückstände zu bilden (Abb. 1).

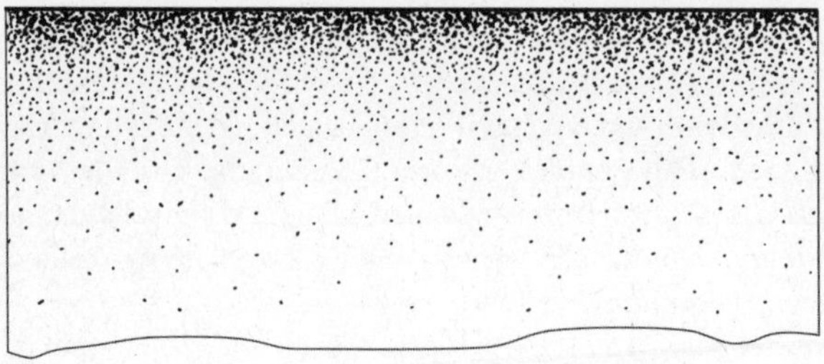

Abb. 1: Prinzip der Verteilung von Ölen und Harzen im Holz bei geölter Oberfläche

Das rückstandsfreie – und meist tiefe – Eindringen der Öle in das Holz ist in der Regel schon durch die Rezeptur des betreffenden Produktes gewährleistet So eignen sich zum Ölen von Holz ganz besonders Naturharzöl-Imprägniergründe, Natur-Hartöl-Imprägnierlasuren, Kräuterfirnisse und Leinölfirnisse. Auf diese Weise kann das Holz in seinen obersten Schichten – je nach Produktart verschieden tief – mit Öl durchtränkt werden. Damit wird übrigens auch die klassische Forderung der Baubiologie berücksichtigt, die das Haus und die unmittelbare Umgebung als dritte Haut des Menschen betrachtet.[6] Wie bei der Durchblutung menschlicher Haut wird ein Bereich intensiver Durchtränkung geschaffen, die Abwehr einerseits (z.B. gegen Feuchtigkeit in flüssiger Form) und Austausch andererseits (bei Feuchtigkeit in Dampfform) ermöglicht. Daß das Holz dabei insgesamt »verlebendigt« wird, ist daran erkennbar, daß sich dessen Farbton und Struktur sehr stark beleben, bereichern und betonen lassen. Man spricht dabei vom »Anfeuern« des Holzes.

Hautanalogie

Der praktische Effekt ist der, daß die Wassereinwirkung auf Holz gemildert wird. Gleichzeitig werden die Strapazierfähigkeit erhöht und die Verschmutzungsneigung von Holz stark gemindert. Jeder kennt das Verstauben, Stumpf-Werden und Verschmutzen von rohem Holz. Das Ölen ist der erste Schritt zu dessen Vermeidung. Die typischen Eigenschaften von satt geölten Holzoberflächen: gute Wasserabweisung, geringe Schmutzneigung, keine Wasserflecken, passable Strapazierfähigkeit, befriedigende Reinigungsmöglichkeit, ausgezeichnete Renovierbarkeit. Mit diesem Eigenschaftsspektrum sind Öle natürlich nicht in allen Bereichen der Holzverwendung einsetzbar. Wo es auf gute UV-Lichtbeständigkeit ankommt, auf gute Wetterbeständigkeit oder auf besondere Strapazierfähigkeit und ganz allgemein auf besondere Leistungen der Holzoberfläche, wird man sicherlich weiterführende Oberflächenbehandlungen vornehmen. Doch in vielen Bereichen der Holzverwendung ist die geölte Oberfläche gut geeignet.

Geölt werden also Flächen, die meist keiner besonderen mechanischen Belastung unterliegen. So reicht z.B. für Holz an Decken und in wenig strapazierten Wandbereichen eine Ölbehandlung vollkommen aus. Geölt werden außerdem Küchenarbeitsplatten und ähnlich strapazierte Flächen, bei denen wegen der außergewöhnlich intensiven mechanischen Belastung (der fast alle filmbildenden Naturprodukte wegen der nur mäßigen Kratzfestigkeit – s.S. 101 – nachgeben) und der gleichzeitigen massiven Feuchtebelastung und Beeinflussung durch aggressive Substanzen wie Obstsäfte, Zwiebel, Essig, rohes Fleisch und ganz allgemein Lebensmittel besondere Gesetzmäßigkeiten gelten. Hier erweist sich wegen des fehlenden Oberflächenfilms die Möglichkeit, diese geölten Flächen ohne weitere Nacharbeiten nach Reinigung wieder nachölen zu können, als ein besonderer Vorzug.

besonderer Vorteil: leichte Reparierbarkeit

Gewachste Oberflächen

Die gewachste Oberfläche ist der Standardfall der baubiologischen Holzoberfläche. Sie wird erzeugt, indem man das geölte Holz zusätzlich mit dem hauchdünnen Film eines Wachsproduktes überzieht. Damit zählt die gewachste Oberfläche zu den filmbildenden Behandlungen, wenngleich auch der gewachste Film außergewöhnlich dünn ist. (Abb. 2)

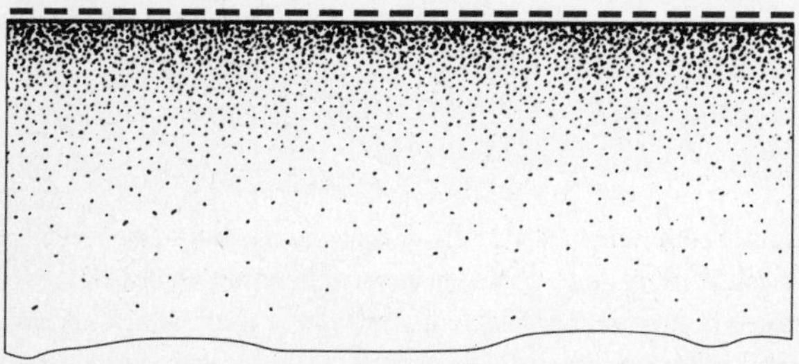

Abb. 2.: Prinzip der Verteilung von Grundierung und Wachs im bzw. auf dem Holz

In der baubiologischen Oberflächenbehandlung spielen die Bienenwachsbalsame eine ganz besondere Rolle. Wohl keine andere Behandlung ergibt Oberflächenwirkungen, die so sehr dem baubiologischen Ideal nahekommen (Wasserabweisung an der Oberfläche – noch besser als bei »nur« geölten Oberflächen –, und Wasserdampfdurchlaß im Gesamten). Es liegt jedoch in der Natur der Sache, daß sich nicht eine Oberfläche erreichen läßt, die einerseits allen baubiologischen und ökologischen Anforderungen genügt und gleichzeitig den oft überzogenen Anforderungen an Kratzbeständigkeit und

Chemikalienfestigkeit genügen kann. Auch die Wachsbehandlung orientiert sich am Ideal der menschlichen Haut, welche bekanntlich keine absolute Undurchlässigkeit besitzt, sondern davon lebt, daß Durchlässigkeit einerseits und Geschlossenheit andererseits in einem ausgewogenen Verhältnis stehen. Bienenwachsbalsame sind daher so zusammengesetzt, daß einerseits der Gas- und Feuchtigkeitsaustausch zwischen Holz und Raumluft nicht wesentlich beeinträchtigt wird, daß andererseits aber der Einwirkung von Staub, Schmutz, Wasser und anderen normalen Beanspruchungen ausgezeichnet widerstanden wird. Hier zählt nicht die pure Masse. Nach der Devise ,Qualität statt Quantität' ist ein zuviel an Bienenwachs sogar schädlich. Schon eine hauchdünne Schicht genügt, um den gewünschten Effekt zu erzielen, den bei der menschlichen Haut die Oberhaut bewirkt.[7] Angenehmer Nebennutzen: Mit dem Materialverbrauch kann auch der Preis für die Oberflächenbehandlung erfreulich niedrig gehalten werden. (Abb. 3)

Qualität statt Quantität

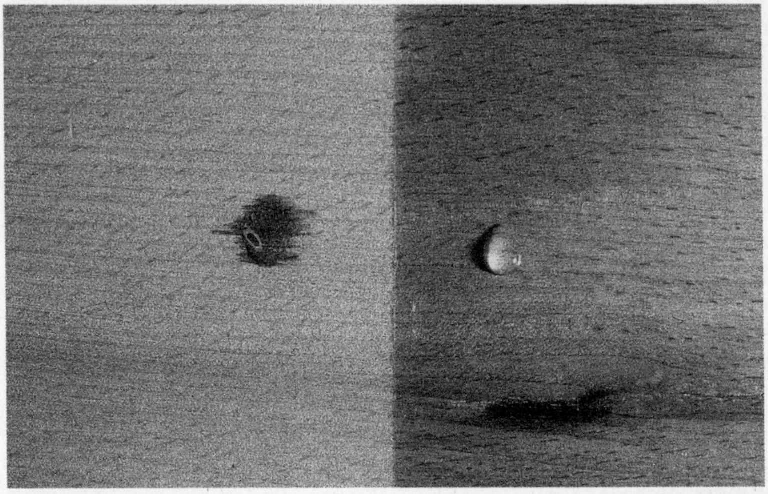

Abb. 3: wasserabweisende Wirkung eines Wachses: Wasser bleibt rechts auf der gewachsten Fläche stehen und dringt links in unbehandeltes Holz rasch ein.

Für bienenwachsbehandelte Oberflächen trifft ganz besonders der Begriff der ›sinneshygienischen Qualität‹ zu (s.S. 99). Holz, welches mit einem Bienenwachsbalsam veredelt worden ist, faßt sich noch richtig nach Holz an; im Gegensatz dazu fühlt man bei kunstharzlackiertem Holz nur noch den Kunststoff des Lackfilms. Für den Geruchsinn gilt sinngemäß das gleiche wie für den Tastsinn: Der natürliche Holzgeruch wird nicht überdeckt oder im Holz eingesperrt, sondern durch die Bienenwachsbehandlung unterstrichen und ergänzt um den zarten Eigengeruch des Wachses. Wer sich je einmal in einem Haus oder in einer Wohnung aufgehalten hat, in der Holzflächen – besonders Nadelholz mit eigenen ätherischen Ölen – mit Bienenwachsbalsamen behandelt worden sind, möchte diese unnachahmliche Atmosphäre und den zarten Duft nicht mehr missen.

sinneshygienische Qualität

Pauschale Vorwürfe, die gegen bienenwachsbehandelte Oberflächen gelegentlich vorgebracht werden (angeblich keine vernünftige Aushärtung, dauernde Klebrigkeit, Staubanfälligkeit, Vergrauung und Versprödung, mangelnde Strapazierfähigkeit) sind absurd und geben in der Regel allenfalls Bindungen an bestimmte wirtschaftliche Interessen wieder; bei materialgemäß verarbeiteten Bienenwachsbalsamen (wofür im vorliegenden Buch wichtige Grundlagen angegeben werden) ist das genaue Gegenteil der Fall. Es werden z.Zt. jährlich rund 20.000.000 (20 Millionen!) Quadratmeter Holzoberflächen mit Bienenwachsprodukten konsequenter Naturfarbenhersteller behandelt bzw. nachbehandelt. Genauere Beobachtungen auf Möbelmessen zeigen: Keine Oberfläche ist seit Jahren so sehr auf dem Vormarsch wie die »biologisch« gewachste Oberfläche. Dies wäre nicht der Fall, wenn die genannten Vorwürfe zuträfen. Gerade für Stauballergiker ist eine mit Naturwachsen behandelte Oberfläche ideal, da sie sich nicht elektrostatisch auflädt und nicht zum Staubmagneten wird.

gewachste Oberflächen im Aufwärtstrend

Die geölte und dann gewachste Oberfläche ist für alles Holz im Innenbereich vorgesehen. Im Außenbereich sind Wachse nicht einsetzbar. Es werden sowohl Fußböden und Treppen gewachst als auch Türen, Möbel und Wandverkleidungen. Gewachste Oberflächen sind gegenüber geölten Oberflächen in vielen Bereichen erheblich belastbarer und leichter zu reinigen, da Wachse – auch auf Schmutz – abweisend wirken und insgesamt eine noch wirksamere ›Glättung‹ der Holzoberfläche bewirken. Für den Normalfall der Oberflächenbehandlung von Holz im Innenbereich sind die Bienenwachsprodukte Pflanzen-Hartwachsbalsam, Lärchenharz-Möbelbalsam und Bienenwachs-Streichbalsam die geeignete Oberflächenbehandlung. Abweichungen davon sollten nur bei besonderen Anforderungen an die Holzoberfläche – wie z.B.bei Küchenarbeitsplatten, Fenstern und bei besonderen Wünschen an eine glänzende oder farbige Versiegelung – in Betracht gezogen werden.

Wachsbehandelte Möbel- und Holzoberflächen sind natürlich nicht säure- und chemikalienbeständig. Wozu auch – es geht ja in der Regel nicht um Labormöbel. Ihre Alltagstauglichkeit hingegen ist hervorragend. Besonders gelobt wird von den Anwendern (auch im professionellen Bereich) die leichte Reparierbarkeit von Wachsoberflächen. Während bei Verletzung einer Lack- oder Lasuroberfläche nur noch Abschleifen und Neubehandlung helfen, um den Fehler oder das Mißgeschick ungeschehen zu machen, lassen sich gewachste Flächen in kurzer Zeit und mit wenigen Gramm Wachs lokal nacharbeiten – und dies in der Regel ohne Ansatz zur Umgebung. Nach Trocknung und Polieren ist die Verletzung verschwunden. Hierzu ist kein Lack und keine Lasur in der Lage.

hervorragende Alltagstauglichkeit und leichte Reparierbarkeit

Lasierte Oberflächen

Kennzeichnend für Lasuren auf Holzoberflächen ist, daß sie auf dem mit Öl gundierten Holz einen Anstrichfilm nennenswerter Dicke ergeben, der aller-

Abb. 4: Prinzip der Verteilung der Bestandteile von Grundierung und Lasur im bzw. auf dem Holz

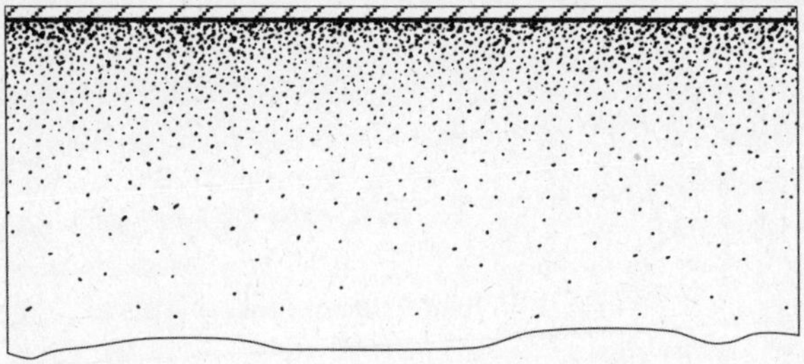

dings nicht so dick ist wie bei den klassischen Lackprodukten (Abb.4). Damit sind Lasuroberflächen gewissermaßen Zwitterprodukte zwischen der geölten und der lackierten Oberfläche. Auch historisch gesehen sind sie relativ jung. Während es geölte und lackierte Holzoberflächen schon seit Jahrhunderten gibt, sind Holzlasuren erst in der zweiten Hälfte dieses Jahrhunderts entstanden. Ursache war die Misere mit der Klarlackierung von Holz, die zusammen mit der Überdimensionierung von Fensterfläche bei Beibehaltung der zu dünnen Rahmenprofile in den 60er Jahren offenbar wurde. Man konnte nämlich den Zusammenhang zwischen Abwitterung und Farbton des Anstrichs zunächst nicht erkennen.[8] Umfangreiche Forschungen zum Zusammenhang von Abwitterung und Beschaffenheit des Anstrichs führten zur Entwicklung von farbig pigmentierten sogenannten Holzlasuren, die gegenüber Decklacken einen erheblich geringeren Pigment- und Bindemittelanteil aufwiesen und damit einen wesentlich dünneren Anstrichfilm auf der Holzoberfläche ergaben, der zudem das Holz nicht völlig abdeckte, sondern durchscheinend war. Dieser Effekt wurde »lasierend« genannt.

besondere Merkmale guter Naturharzöl-Lasuren

Gute Holzlasuren zeichnen sich durch einige besondere Merkmale aus:

- gutes Eindringen in die Holzsubstanz
- gleichmäßige Filmbildung
- gute Haftung am Untergrund
- UV-abweisende Wirkung
- Wasserdampfdurchlässigkeit
- Widerstand gegen Feuchtigkeit in flüssiger Form
- Elastizität
- keine Versprödung und Rißbildung
- lange Haltbarkeit bei Bewitterung
- gleichmäßige Abwitterung
- kein Abplatzen bei Alterung
- leichte Überstreichbarkeit bei Instandhaltungsarbeiten

Dabei gibt es, abhängig vom Bindemittelgehalt, Dünnschicht- bzw. Imprägnierlasuren und Dickschichtlasuren. Wegen der besseren Wetterschutzwirkung geht der Trend heute vor, allem bei maßhaltigen Bauteilen wie Fenstern und Außentüren, zu Dickschichtlasuren. Ganz besonders in den Punkten Untergrundhaftung, Eindringen in die Holzoberfläche bei gleichzeitiger Filmbildung, Verlauf, kein Abplatzen und gleichmäßige Abwitterung sind Naturharzöl-Lasuren ihrem konventionellen Gegenüber, den Kunstharzlasuren, in aller Regel deutlich überlegen.

Lasuren hauptsächlich für Holzaußenverwendung

Lasierte Holzoberflächen sind also geprägt durch einen harzöligen Anstrichfilm von relativ geringer Dicke [9] und durch das Durchscheinen der Holzmaserung durch diesen Anstrichfilm bei farbigen Produkten. Mit der historischen Entwicklung ist auch klar, wofür Lasuren in erster Linie entwickelt worden und daher einzusetzen sind: im Außenbereich der Holzverwendung als Anstrich für Fassaden, Fassadeneinbauten, Balkone, Pfosten, Pergolen, Zäune und mäßig strapazierte Holzbauteilen wie Gartenmöbel (nicht jedoch im Fußbodenbereich wie z.B. bei Holzdecks von Terrassen oder Balkonfußböden). Hier müssen Lasuren wegen des UV- und Witterungsschutzes unbedingt ausreichend pigmentiert und damit farbig sein. Selbstverständlich sind Lasuren auch bei vergleichbaren Holzbauteilen innen verwendbar; doch ist für hochwertige Möbel die Lasurbehandlung eher unüblich. Die große Elastizität der Lasur (im Außenbereich wegen der Klimaschwankungen und des Arbeitens des Holzes dringend erforderlich) schwächt die mechanische Widerstandskraft gegen die Belastungen, denen Wohnraummöbel in der Regel unterliegen.

Gerade Lasuranstriche werden oft mit sogenannten »offenporigen« Anstrichen gleichgesetzt. Dieser Begriff ist nur insoweit richtig, als die Holzporen bei Laubhölzern nicht restlos aufgefüllt werden. Wird damit aber die Wasserdampfdurchlässigkeit gemeint, so ist das unzutreffend, weil heutzutage auch viele Lacke einen passablen und in der Regel ausreichenden Wasserdampfdurchgang zulassen.

Lackierte Oberflächen

Klar- und Decklacke bilden die dicksten Schichten auf den zur Grundierung geölten Holzoberflächen[10] (Abb. 5). Entsprechend groß ist der Aufwand, der zu ihrer anstrichtechnisch optimalen Herstellung zu treiben ist. Er beträgt ein

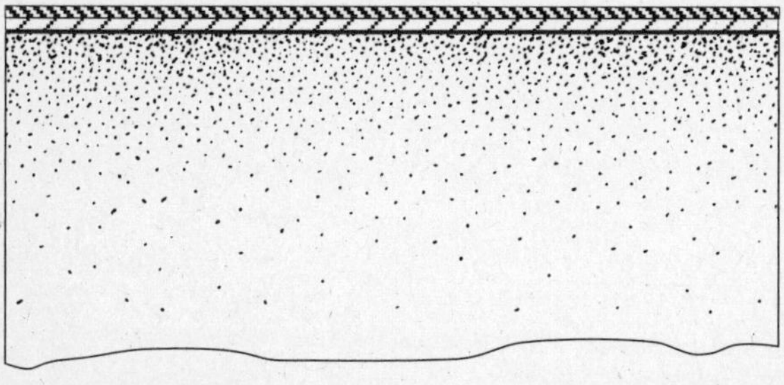

Abb. 5: Prinzip der Verteilung der Bestandteile eines Lackaufbaus im bzw. auf dem Holz

Vielfaches dessen, was für die geölte Oberfläche notwendig ist. Dafür genügen lackierte Oberflächen auch besonderen Anforderungen.

Entsprechend der großen Schichtstärken sind Lackschichten in mancherlei Hinsicht leistungsfähiger als geölte, gewachste oder lasierte Oberflächen. Vor allem wasserabweisende, dimensionsstabilisierende Wirkungen, höhere Abriebfestigkeit einiger transparenter Lacke (z.B. beim Natur-Bernsteinlack) sowie längere Haltbarkeit bei Freibewitterung und intensive Farbgebung (ohne Durchscheinen des Untergrunds) sind bei Decklacken hervorzuheben. Allerdings sind auch hier wiederum Eigenarten zu beachten: Wegen der großen Filmstärken ist die Wasserdampfdurchlässigkeit geringer als bei den vorher beschriebenen Oberflächenbehandlungen. Bei Verletzungen des Lackfilms ist andererseits eine Renovierung nur mit erheblichem Aufwand möglich.

Anwendungsbereiche von Naturharzöl-Lacken

Die Fälle, in denen Lacke eingesetzt werden können, entsprechen weitgehend denen der Lasuren. Transparente Naturharzöl-Klarlacke sind im Innenausbau z.B. verwendbar für Möbel, Innentüren, Innenwandverkleidungen, Decken und – eingeschränkt – auch für Fußböden. Sie kommen immer dann zum Zuge, wenn aus ästhetischen Gründen dickere, meist glänzende Lackschichten gewünscht sind. Aus baubiologischen Gründen – z.B. Beeinträchtigung des Wasserdampf- und Gasaustauschs von Holz mit der Umgebung – sollte auf das Lackieren jedoch zugunsten der gewachsten Oberflächen verzichtet werden. Auch die ungünstigen Renovierungseigenschaften sprechen gegen eine Lackschicht, vor allem in stark strapazierten Bereichen wie Fußböden und Arbeitsflächen: Die Oberflächenhärte von Zweikomponenten-Kunstharzharzversiegelungen ist mit Naturharz-Lacken nicht erreichbar[11] – eine demzufolge verkratzte oder auch abgenutzte Lackfläche kann im Gegensatz zu Wachsen leider immer nur durch Abschleifen und Neulackieren renoviert werden.

Für Naturharzöl-Decklacke gelten ähnliche Voraussetzungen: Sie sind im Innenausbau verwendbar für Türen, Einbauten, Holzdecken, Möbel (mit Ausnahme der stärker strapazierten Bereiche wie Arbeitsflächen, Regalböden etc.) und ähnliche Holzbauteile, nicht jedoch für Fußböden und Treppen. Im Außenbau sind sie, wie alle Bautenlacke auch, im wesentlichen für Fenster und Außentüren sowie auch für Gartenmöbel einsetzbar. Auch Fassadenschalungen sind prinzipiell mit Decklacken lackierbar, doch ist dies wegen der großen Flächen und des großen Arbeitsaufwandes – auch bei der Renovierung – nicht üblich. Grundsätzlich haben Holzlasuren – und im Innenausbau vor allem Öle und Wachse – in vielen Anwendungsbereichen die Verwendung von Klar- und Decklacken abgelöst.

Anmerkungen zur Auswahl des günstigsten Oberflächensystems

Für Holz im Innenausbau ist, unabhängig von der Art des Einsatzbereiches, aus baubiologischen Gründen (Dampfdiffusion) sowie im Hinblick auf die Praxiseigenschaften (leicht pfleg- und erneuerbar) die geölte und anschließend gewachste Oberfläche empfehlenswert. Dies gilt grundsätzlich für alle Einsatzbereiche (z.B. Möbel, Fußböden, Innentüren, Wand- und Deckenvertäfelungen). Dabei kann bei den relativ gering strapazierten Holzdecken auf die Wachsschicht verzichtet werden; auch manche Holzwände in wenig genutzten Räumen zählen dazu.

Naturharzöl-Lacke – und hier vor allem die transparenten Schellacke und Bernsteinlacke – können für historische Möbel bzw. Antiquitäten interessant sein, die in Anlehnung an historische Vorbilder behandelt werden sollen, welche von jeher lackiert gewesen sind. Bei der Renovierung von Möbeln spielen sie also eine gewisse Rolle. Zu beachten ist allerdings die Wasserempfindlichkeit von Schellacken. Sonst sollten Möbel geölt und gewachst werden.

Innenanwendung

Durch fließendes Wasser bzw. Rückprallwasser von Duschen beanspruchte Holzflächen im Bad sollten wegen der guten wasserabweisenden Wirkung mit Naturharzöl-Lasur geschützt werden. Auch Küchenarbeitsplatten unterliegen besonderen Gesetzen; hier sollte die ausschließlich geölte Fläche allen anderen Varianten vorgezogen werden.

Einen Sonderfall stellen Holzfenster, Außentüren und alles Holz dar, welches Innen- vom Außenklima trennt. Aus bauphysikalischen Gründen ist hier innen ebenso mit Lasuren oder Lacken zu behandeln wie außen, lediglich auf Pigmente kann innen verzichtet werden.

Farbiges Beizen von Holz ist mangels entsprechender Produkte bisher leider nicht möglich. Bei hinreichendem Bedarf könnten solche Produkte aber von den Naturfarbenherstellern entwickelt und angeboten werden - die Technologie ist vorhanden. Farbige Effekte lassen sich mit pigmentierten Naturharzöl-Lasuren erreichen – allerdings mit allen technologischen Einschränkungen, die für die Lasur-Oberfläche gelten – bzw. mit Sonderverfahren und Spezialmischungen.

Außenanwendung

Im direkt bewitterten Außenbereich sind nur pigmentierte Naturharzöl-Lasuren und Naturharzöl-Decklacke geeignet. Geölte und gewachste Oberflächen sowie farblose Lasuren und transparente Klarlacke eignen sich aufgrund mangelnder UV-Stabilität und Wetterfestigkeit nicht.[12] Außerdem empfiehlt sich ein Verzicht auf hellgetönte, gering pigmentierte Lasuren. Es gilt nämlich die Faustregel: je heller der Farbton, desto geringer die Witterungsfestigkeit. Helle Pastelltöne oder weiße und blaue Lasuren, die von Naturfarbenherstellern fertig angemischt geliefert werden, sind natürlich grundsätzlich geeignet, ihre Leistungsfähigkeit erreicht jedoch nicht die der kräftigen Farbtöne. So sind erdige, mittelbraune Töne und kräftig mit Ocker Gelb oder Persisch Rot pigmentierte Lasuren im Hinblick auf eine möglichst langanhaltende Standfestigkeit im Wetter am günstigsten zu bewerten.

Grundsätzlich sollten Lasuren den Decklacken vorgezogen werden. Sie sind zwar etwas weniger dauerhaft, müssen also etwas eher instandgehalten und überarbeitet werden, doch ist der Aufwand sowohl bei der Erstbehandlung als auch bei der Renovierung geringer als bei den Decklacken.

Holzschutz durch Anstrich: Naturfarben im Vorteil

Zum vorbeugenden Holzschutz tragen Anstriche auf eine ganz besondere Art und Weise bei. Hier erfüllt die Oberflächenbehandlung eine äußerst wichtige Aufgabe; sie ist zusammen mit dem konstruktiven Holzschutz sogar der wichtigste Funktionsträger für eine lange Dauerhaftigkeit des betreffenden Holzbauteils. Ein Anstrich verhindert bzw. verzögert die Auffeuchtung des Holzes bei Feuchteeinflüssen (Regen, Nebel, Tau, Kondenswasser etc.). Witterungsbedingte Schwankungen der Holzfeuchte werden erheblich reduziert. Abb. 6 zeigt diesen Effekt an Hand von drei verschiedenen Anstrichsystemen: Es zeigt sich, daß relativ »dicke« Oberflächenbehandlungen die Holzfeuchte langfristig deutlich unter 20 % halten (der Schwelle für das Entstehen holzbesiedelnder Pilze); es pendeln sich Werte von ca. 15–17 % ein.

Abb.6: Holzfeuchteverlauf in Fassadenbrettern mit verschieden diffusionsoffenen konventionellen Anstrichsystemen; Exposition nach Südwesten (Quelle: Sell 1975)

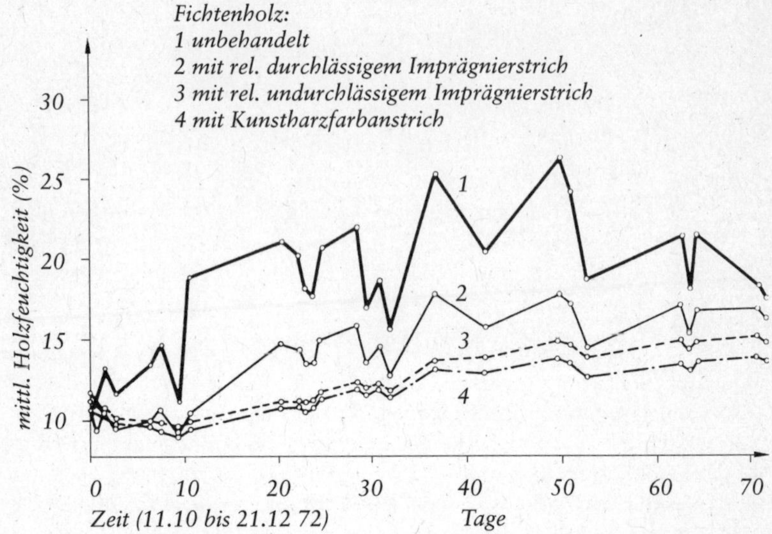

In den hier interessierenden Anwendungsbereichen, wo mit Auffeuchtung von Holz zu rechnen ist (Fenster, Außentüren, Holz an Außenfassaden, an Balkonen und im Schwallwasserbereich von Naßräumen etc.) und damit die Gefahr einer Holzzerstörung durch Pilze nicht ausgeschlossen werden kann, spielen Insekten in der Regel keine Rolle. Daher können sorgfältig ausgeführte, intakte und regelmäßig instandgehaltene Anstriche einen entscheidenden Beitrag zum vorbeugenden Holzschutz und gleichzeitig zur Vermeidung chemischer Holzschutzmittel leisten. Sie erlauben in vielen Fällen sogar einen völligen Verzicht auf chemische Holzschutzmittel[13]

hervorragendes Eindringvermögen natürlicher Harze und Öle

Das hervorragende Eindringvermögen von natürlichen Harzen und Ölen (s.S. 96-97) führt nun zu einer entscheidenden Verbesserung des wasserabweisenden Holzschutzes im Vergleich zu synthetischen Produkten (auf denen die Ergebnisse der Abb. 6 beruhen). Auf diese Weise wird eine wasserabweisende Wirkung selbst im Holzuntergrund möglich: zum Beispiel dringt

Wasser nach der Entstehung der oft unvermeidlichen Mikrorisse in der Holzoberfläche dort zwar kapillar ein, kann dann aber nicht oder nur sehr eingeschränkt seitlich ins Holz wegschlagen, da dieses auch »dort unten« mit Harzöl-Mischungen wasserabweisend durchtränkt ist. Auffeuchtung und Holzfeuchtespitzen werden noch weiter reduziert, der Abstand der tatsächlichen Holzfeuchte zum Schwellenwert von 20% für Pilze wird vergrößert, Quellen und Schwinden lassen sich noch weiter verringern und weiterer Rißbildung vorbeugen.

Holzoberflächenbehandlung innen

Holz im Innenbereich kann auf viele Arten gefärbt, geschützt und gepflegt werden, so daß sich eine vergleichsweise strenge Reglementierung wie im Außenbereich erübrigt. Erlaubt ist, was gefällt. Nachfolgend werden die Möglichkeiten der Oberflächenbehandlung mit Naturfarben für verschiedene typische Anwendungsbereiche beschrieben. Die richtige Behandlungsvariante ist i.A. sehr leicht zu wählen, wenn man sich von der Überlegung leiten läßt, daß das Holz im Hinblick auf den Erhalt seiner natürlichen Eigenschaften so wenig Oberflächenbehandlung wie möglich erhalten soll.

Vorarbeiten vor der Anwendung

Vor der Erstbehandlung von unbehandeltem Holz sind entsprechend der gewünschten Oberflächengüte verschiedene Vorarbeiten vorzunehmen. Die Oberfläche sollte zunächst einmal glatt gehobelt sein und – bei Möbeln, Türen etc. – keine sogenannte Hobelschläge (Unregelmäßigkeiten beim Hobelvorgang) enthalten. Unbedingt wichtig ist ein Feinschliff der Holzoberfläche, wenn diese höheren Ansprüchen genügen soll. Die Faustregel: Je höher das Holz im Raum und in der Wohnung angebracht, je geringer folglich die Beanspruchung ist, um so weniger Aufwand ist zu treiben.

Hochwertige Möbel und Innentüren, vor allem solche, an die besondere ästhetische Ansprüche gestellt werden, sind unbedingt feinzuschleifen (Körnung 180–220); Hobelschläge und ähnliche Unregelmäßigkeiten sind mit der Ziehklinge oder mit dem Putzhobel auszugleichen. Gegebenenfalls ist vor dem Schleifen zu wässern, d.h. die Oberfläche mit Wasser zu benetzen. So können die durch Hobelwalzen oder unsachgemäße Behandlung hervorgerufenen Druck- oder Stoßstellen im Holz durch das Wasser aufquellen und glattgeschliffen werden. Ein späteres Aufquellen solcher Druckstellen bei Auffeuchtung würde zu Verletzungen der fertigen Oberflächenschicht führen.

Auch andere, weniger strapazierte Holzoberflächen benötigen einen Schliff (auch hier am besten mit der Körnung 180 – 220). Ein anschließendes gründliches Entstauben ist – hier wie dort – selbstverständlich. (Abb. 7)

Inhaltsstoffreiche Holzarten

Inhaltsstoffreiche Holzarten (s.S. 93-94) sollten vor allem vor einer Behandlung mit filmbildenden Lasuren und Lacken (deckend wie transparent) oberflächlich ausgewaschen werden. Andernfalls sind Probleme wie Verfärbung, Trocknungsverzögerungen, Störungen der Untergrundhaftung etc. zu befürchten. Bei stark harzhaltigen Hölzern kann der Oberflächenfilm auch durch nachträglichen Harzfluß infolge Erwärmung (z.B. durch Sonnenbestrahlung) gestört werden. Solche Holzarten sind mit einer Pflanzen-Alkoholverdünnung auszuwaschen. Sofern es nur Harze zu entfernen gilt, kann auch ein kräftiges ›Abschrubben‹ mit Pflanzen-Balsamverdünnung (ggf. auch mit verdünnter Salmiakgeist-Lösung) ausreichen; doch muß klar sein, daß die Entharzung wegen des nahezu unerschöpflichen Nachschubs aus dem Untergrund nur begrenzte Erfolge zeitigen kann. Anschließend ist – wie oben beschrieben – anzuschleifen und gründlich zu entstauben.

Abb. 7: Gründliches Schleifen und Entstauben sind der erste Schritt zur sorgfältigen Oberflächenbehandlung

Farbige Beizen

Für das farbige Beizen von Holz (bei Möbeln gelegentlich gewünscht) werden leider derzeit keine Naturprodukte angeboten. Man muß auf das Beizen komplett verzichten oder mit konventionellen Holzbeizen (die keine konsequenten Naturprodukte und daher nicht zu befürworten sind) arbeiten. Aushilfsweise geeignet sind farbige Naturharzöl-Lasuren oder auch verschiedene ölige Spezialmischungen (s.S. 33). Sofern mit konventionellen Wasserbeizen gearbeitet wird, ist zu beachten, daß sie auch nach der Oberflächenbehandlung durch eine längerdauernde Wasserbelastung wieder mobilisiert und geringfügig ausgewaschen werden können. In Bereichen mit Wasserkontakt und vor allem mit zusätzlicher mechanischer Beanspruchung ist daher unbedingt eine stark wasserabweisende Oberflächenbehandlung zu wählen; auf Holzbeize sollte in diesem Fall verzichtet werden.

Flecken und Verfärbungen in der rohen Holzoberfläche kann man, sofern nicht durch Schleifen beseitigbar, lediglich mit Bleichmitteln beikommen. Es gehört großes Geschick dazu, die Holzoberfläche wieder so gleichmäßig zu gestalten, daß die Verfärbungen nicht mehr erkennbar sind. Zu empfehlen ist nur die sogenannte Naßbleichung: Hierzu eignen sich z.B. Wasserstoffperoxid, Oxalsäure, Kleesalz, Zitronensäure und einige Spezialbleichmittel des Fachhandels. Aufgrund der dabei unvermeidlichen Chemikalienbelastung sollte möglichst auf das Bleichen verzichtet werden; bei der Anwendung von Bleichmitteln – sofern unverzichtbar – sind unbedingt die Vorschriften der jeweiligen Hersteller zu beachten.

Bleichmittel

Spezialeffekte der Holzbehandlung bzw. der Vorbereitung sind beispielsweise Anflämmen, Sandstrahlen und Laugen. Sie kommen in der Regel nur bei Nadelhölzern (den sogenannte Weichhölzern) zur Anwendung. Beim Anflämmen (auch Brandholztechnik genannt) wird das Holz mittels Löt- oder Propangasbrenner mit Breitflammrohr oberflächlich angebrannt (möglichst draußen arbeiten, um Brandgefahr vorzubeugen und um die Schwelgase nicht einzuatmen). Anschließend wird die Oberfläche mit einer Stahl- oder Messingbürste (bzw. mit einer Spezialmaschine mit entsprechendem Bürstaufsatz) ausgebürstet. Das Holz wird stark strukturiert. Zu einem ähnlichen Ergebnis führt das Sandstrahlen. Kräftiges Ablaugen des Holzes (z.B. mit Sodalauge oder auch mit der aggressiveren Natronlauge) nach vorheriger Behandlung mit Pyrogallsäure färbt die Oberflche grünlich-gelb und macht sie rauher. Auch das ergibt einen rustikalen Effekt; das Holz ähnelt altem und bereits abgebeiztem Holz (Vorsicht bei vielen Laubhölzern: unschöne Verfärbungen möglich). Andere Spezialbehandlungen von Holz wie z.B. Kalken mit Kalkmilch oder Räuchern mit Ammoniak bzw. Salmiakgeist sollen nicht weiter angesprochen werden. Die hier erwähnten Spezialeffekte unterliegen der Mode; wer sie liebt, verzichtet in der Regel auf die nachfolgend beschriebenen, eigentlichen Oberflächenbehandlungen des Holzes.

Anflämmen, Sandstrahlen und Ablaugen als Spezialeffekte der Holzbehandlung

Abschließend ein Hinweis für altes Eichenholz (z.B. Eichenfußböden, Möbel etc.) und andere, stark gerbstoffhaltige ate Hölzer. Ölige Produkte feuern Holz bekanntlich an und betonen es in Maserung und Textur. Bei alten Eichenhölzern kann es zu äußerst dunkler Einfärbung kommen Daher sind an unauffälliger Stelle unbedingt Vorproben durchzuführen, um das Ausmaß der Dunkelfärbung abschäten zu können.

Oberflächenbehandlung von Möbeln

Möbel sollten möglichst farblos behandeltwerden. Einerseits sind die farbigen Naturprodukte wie Naturharzöl-Lasuren und Naturharzöl-Decklacke in den meisten Fällen nicht ausreichend strapazierfähig und daher für andere Anwendungsbereiche vorgesehen (Fenster, Holzfassaden etc.), andererseits ist die klassische Öl- und Wachsbehandlung für konventionelle Holzbeizen (Wasserbeizen) – wie zuvor beschrieben – nicht wasserfest genug, als daß sie ausreichend gegen Auslaugung gefeit sind. Zudem ist bei Schäden an der Beizschicht die betreffende Holzfläche komplett zu renovieren (Abschleifen bis auf die ungebeizten Holzzonen und komplett neue Behandlung des rohen Holzes).

Die geölte und gewachste Oberfläche

• Grundsätzlich ist für Möbel wie auch für alles andere Holz im Innenausbau die geölte und gewachste Oberfläche vorzuziehen. Sie ist eine preiswerte, strapazierfähige, samtglänzende Oberfläche, die einfach nachzuarbeiten ist und ohne großen Aufwand gepflegt werden kann. Zudem wird das Holz in seiner natürlichen Schönheit und Textur ungemein betont.

Abb. 8: Einlassen von Holz »naß in naß« mit Naturharzöl-Imprägniergrund

Abb. 9: Abnehmen des nicht eingedrungenen Überstandes mit einem Lappen

Das Holz wird zunächst mit Naturharzöl-Imprägniergrund »naß in naß« eingelassen, um die unterschiedliche Saugfähigkeit auszugleichen und um einen gleichmäßig dünnen Wachsfilm und gleichmäßigen Glanzgrad zu ermöglichen (Abb. 8).
Als Verarbeitung empfiehlt sich das Streichen oder auch – bei Serienfertigung

Abb. 10: Hauchdünnes Aufreiben von Lärchenharz-Möbelbalsam mit einem Ballentuch

Abb. 11: Polieren von Lärchenharz-Möbelbalsam mit einer Polierbürste

– Tauchen. Achtung: Der bei wenig saugfähigen Hölzern nicht eingedrungene Imprägniergrund ist unbedingt vor dem Antrocknen (bis etwa 15 Minuten nach Verarbeitung) mit einem Lappen oder trockenen Pinsel abzunehmen, um Klebrigkeiten und Glanzstellen zu vermeiden (Abb. 9).

hauchdünne Wachsschicht: weniger ist besser

Nach 24stündiger Trocknung und leichtem Zwischenschliff wird gewachst: Lärchenharz-Möbelbalsam wird hauchdünn mit einem nichtflusenden Lappen (Ballentuch aus Baumwolle oder Leinen) aufgerieben (Abb. 10). Um Klebrigkeiten und Trocknungsverzögerungen zu vermeiden, sollte die Wachsschicht hauchdünn gehalten werden (hier gilt der Grundsatz: weniger ist besser). Alternativ kann bei größeren Flächen bzw. handwerklicher oder industrieller Verarbeitung zur Vereinfachung mit dem streichbaren Bienenwachs-Streichbalsam gearbeitet werden. Das Polieren der Wachsschicht mit Ballentuch, Polierscheibe mit Lammfellhaube oder Polierbürste ergibt die fertige Oberfläche: Beim Lärchenharz-Möbelbalsam muß dies innerhalb von 4–24 Stunden und beim Bienenwachs-Streichbalsam innerhalb von 20 Minuten bis maximal 4 Stunden geschehen (Abb. 11).

• Bei mechanisch stärker strapazierten Möbeloberflächen wie Schreibtischen oder Bücherregalen sollte alternativ zum Naturharzöl-Imprägniergrund das Holz mit Natur-Hartöl-Imprägnierlasur eingelassen und anschließend mit Pflanzen-Hartwachsbalsam endbehandelt werden. Die Natur-Hartöl-Imprägnierlasur hat an der Oberfläche noch besser verfestigende Eigenschaften als der Naturharzöl-Imprägniergrund. Max. 10 Minuten nach dem Streichen (Tauchen ist hier nicht sinnvoll) muß der Überstand abgenommen werden. Pflanzen-Hartwachsbalsam wird mit dem Ballentuch hauchdünn aufgetragen und innerhalb von 4 bis max. 24 Stunden mit Polierbürste, Polierscheibe mit Lammfellhaube oder Ballentuch poliert.

• Oft werden der Einfachheit halber komplette Möbelgarnituren (z.B. Küchenmöbel mit sämtlichen Fronten, waagerechten Oberflächen, Arbeitsplatten und auch das »Innenleben«) gleichartig behandelt. So ist z.B. die Oberfläche aus Natur-Hartöl-Imprägnierlasur gebräuchlich. Dies ist zwar eine Variante, die erfahrungsgemäß allen Belastungen ausreichend widersteht; sie erreicht jedoch nicht die Leistungsfähigkeit der speziellen Oberflächen: Firnis für Küchenarbeitsflächen, Naturharzöl-Imprägniergrund und Lärchenharz-Möbelbalsam (bzw. Bienenwachs-Streichbalsam) für Fronten und andere Möbeloberflächen.

Die Endhärte von geölten und gewachsten Möbeloberflächen stellt sich in der Regel nach wenigen Tagen ein; bis dahin sollte das Holz noch schonend behandelt werden. (Abb. 12)

Küchenarbeitsplatten

Küchenarbeitsplatten unterliegen abweichenden Regeln. Hier dominiert neben den mechanisch außergewöhnlichen Belastungen durch die tägliche Küchenarbeit (Kneten von z.B. Pizza- oder Kuchenteig, Zubereiten von Fleischspeisen etc.) die gleichzeitige Beanspruchung durch alle Arten von z.T. färbenden und aggressiveren Flüssigkeiten (Obst- und Gemüsesäfte, Zwiebel,

Abb. 12: Mit Bienenwachsbalsamen behandelte Inneneinrichtung einer Bankfiliale

Essig, Soßen etc.). Hier sollte auf eine gewachste Oberfläche verzichtet werden – zumal das Wachs sich ohnehin relativ rasch abreiben würde. Aufgrund der außergewöhnlichen Fleckunempfindlichkeit, die den reinen, d.h. harzfreien, Ölprodukten eigen ist, arbeitet man hier ausschließlich mit einem Kräuterfirnis oder einem Leinölfirnis. Kräuterfirnis oder Leinölfirnis – hier gibt es keine technischen Unterschiede (was verfügbar ist, sollte verwendet werden) – wird zum tieferen Eindringen ins Holz erwärmt (Wasserbad mit 35 – 40 °C) oder im Verhältnis 1:1 mit Pflanzen-Balsamverdünnung verdünnt. Mit diesem erwärmten oder verdünnten Firnis wird die Arbeitsplatte u.U. mehrmals »naß in naß« bis zur Sättigung eingelassen (Verarbeitung nur mit Pinsel – s. Abb 13). Max. 20–30 Minuten nach dem Verarbeiten muß der nicht eingedrungene Überstand an Firnis mit einem Lappen oder trockenen Pinsel gründlich abgenommen werden; andernfalls ist mit hartnäckigen Klebrigkeiten zu rechnen. Nach einer Trocknungszeit von 2–4 Tagen ist die Fläche gebrauchsfähig. Die so ausgeführte Leinölbehandlung ist wasserabweisend, fleckunempfindlich, leicht pflegbar und kann, weil nicht filmbildend, nicht abplatzen oder von Wasser unterlaufen werden.

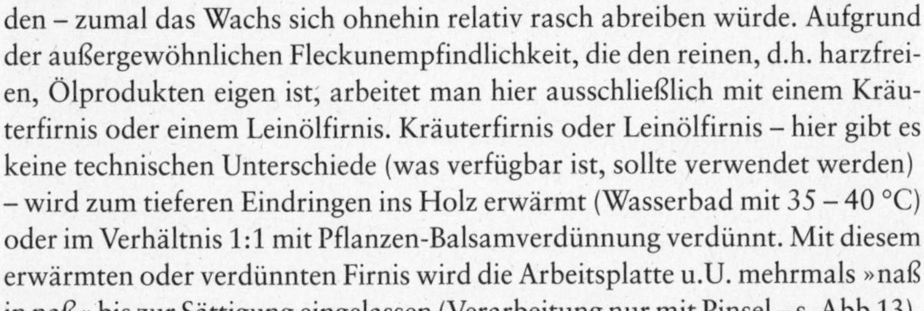

Abb. 13: Prinzip der Arbeitsgänge für die geölte Küchenarbeitsfläche

Industrielle Anwendung von Heißwachs

Bei der industriellen Anwendung z.B. im Möbelwerk kommt es aus Zeitgründen auf einfache Arbeitsgänge und kurze Trockenzeiten an. Hier wird das Heißwachs eingesetzt, welches direkt auf die unbehandelte Holzoberfläche aufzutragen ist; der Verzicht auf das Grundieren ermöglicht erhebliche Zeitersparnis. Das Heißwachs wird mit Heißspritzgeräten entsprechend den Angaben des jeweiligen Geräteherstellers einmal hauchdünn aufgetragen. Innerhalb einer Stunde wird die Fläche mit Ballentuch, Polierbürste oder Poliergeräten (z.B. Polierscheibe mit Lammfellhaube) poliert. Achtung: Beim Heißwachs ist nach Ablauf der Trockenzeit von einer Stunde die gewachste Fläche nicht mehr befriedigend polierbar. Das Heißwachs ermöglicht auch industriellen Verarbeitern, Holz mit »biologischer« Oberflächenbehandlung anzubieten.

Innovation bei Naturprodukten: Wasserverdünnbares Öl und Wachs

Wer wasserverdünnbare Produkte bevorzugt, braucht auf Naturprodukte nicht zu verzichten. Obwohl vor wenigen Jahren wegen Verzichts auf konventionelle Emulgatoren und Chemikalien nicht für möglich gehalten, ist es nun dank innovativer Naturstofftechnologie – bislang allerdings nur einem einzigen Naturfarbenhersteller – gelungen, wasserverdünnbare Holzoberflächenbehandlungsmittel in der gleichen ökologischen Konsequenz herzustellen, welche auch für die bisher bekannten Naturprodukte gilt. Es sind dies die Naturharzöl-Grundierung - wasserverdünnbar - und das Naturharzöl-Wachs - wasserverdünnbar - in Analogie zum Naturharzöl-Imprägniergrund und Lärchenharz-Möbelbalsam. Typischer Anwendungsbereich der wasserverdünnbaren Naturprodukte ist das normal strapazierte Möbel; in Bereichen außergewöhnlicher Belastungen (Arbeitsflächen, Fußböden etc.) sind die neuartigen wasserverdünnbaren Produkte in ihrem heutigen Entwicklungsstand noch weniger geeignet.

typischer Anwendungsbereich von wasserverdünnbarem Öl und Wachs

Wasserverdünnbare Grundierung und Wachs kommen immer dann zum Einsatz, wenn ästhetische Gründe, gesundheitliche Rücksicht oder Arbeitsschutzgründe Anlaß zum Verzicht auf die (leichtflüchtigen und brennbaren) ätherischen Öle geben. Ein weiterer Einsatzbereich für wasserverdünnbare Produkte ergibt sich aufgrund ihrer Eigenschaft, das Holz nicht anzufeuern, also im Farbton nicht kräftig unterzustreichen und nicht honigfarben einzufärben. Buche wird somit nicht kräftiger rot, Fichte und Kiefer werden nicht dunkelgelber. Von manchen Naturfarbenanwendern werden diese hellen Holzflächen bevorzugt.

Zur Verarbeitung der wasserverdünnbaren Produkte ist folgendes zu beachten – vgl. Abb. 14: Die Holzoberfläche sollte feingeschliffen (Körnung 220) und entstaubt sein. Die Naturharzöl-Grundierung - wasserverdünnbar - wird mit Pinsel, Ballentuch, Schwamm oder auch mit dem Spritzgerät auf die Holzoberfläche aufgetragen. Es ist hier ganz besonders sorgfältig auf gleichmäßiges und vor allem zügiges Auftragen zu achten; dabei ist unbedingt in Faser-

Abb. 14: Übersicht der Verarbeitung von Naturharzöl-Produkten - wasserverdünnbar

richtung zu arbeiten. Das Produkt zieht sehr schnell an, daher können eventuell vorhandene Überstände von der Fläche nicht wieder weggenommen werden; vor allem können Ungleichmäßigkeiten und durch unsauberes Arbeiten bedingte Streifigkeiten nicht wieder beseitigt werden. Die Trocknungszeit beträgt etwa 6 Stunden. Anschließend wird die Fläche sauber angeschliffen (220er Körnung) und entstaubt. Mit Pinsel, Ballentuch, Schwamm oder Spritzgerät wird das Naturharzöl-Wachs – wasserverdünnbar – aufgetragen. Auch hier ist unbedingt zügig, gleichmäßig und nur in Faserrichtung zu arbeiten, um ungleichmäßigen und streifigen Oberflächen vorzubeugen. Das Wachs zieht sehr schnell an: Nach rund 1 Stunde ist die Fläche polierbar. Zum Polieren verwendet man einen nichtflusenden weichen Lappen oder ein Poliergerät mit Lammfellhaube. Die Oberfläche wird leicht seidenglänzend. Wichtig: Ohne großen Druck arbeiten und keine Polierbürste verwenden. Die Endhärte wird nach etwa 2 Wochen erreicht; während dieser Zeit sind die Möbeloberflächen noch schonend zu behandeln.

Klarlackierung

Die Klarlackbeschichtung ist bei Möbeln noch sehr verbreitet. Wurden früher vielfach Schellacke und Kopallacke verwendet, so ist man in der zweiten Hälfte dieses Jahrhunderts zu Alkydharzlacken, DD-Lacken und Nitrolacken übergegangen. Entsprechend beliebt ist bei Möbeln die Lackierung, wohingegen sich die – aus baubiologischen Gründen sinnvollere – geölte und gewachste Fläche erst langsam durchsetzt. Gleichwohl, wer seine Möbel gern klarlackieren will, findet auch bei Naturprodukten die geeigneten Materialien.

• Hochwertige Möbel wurden früher oft mit Schellacken behandelt (sogenannte Polituren oder Mattierungen). Heute stehen diese Lacke wieder in

klassische Schellackverarbeitung

verschiedenen Varianten und in konsequent ökologischer Zusammensetzung zur Verfügung. Wegen ihrer Wasserempfindlichkeit sollten sie ausschließlich bei Wohn- oder Schlafraummöbeln zur Anwendung kommen und nicht im Küchen- oder Arbeitsbereich. Manche Anwender kennen – aus eigener Erfahrung oder vom »Hörensagen« noch die sogenannte Ballenmattierung mit Schellacken. Dies ist ein Verfahren, bei dem der Schellack mit einem mehrlagigen Ballentuch in zahlreichen hauchdünnen Schichten auf die Holzoberfläche aufgerieben (aufpoliert) wird – Näheres zu diesem Verfahren s.S. 110. Weil die heutigen Schellacke der Naturfarbenhersteller anders zusammengesetzt sind und mehr Schellack-Rohstoff enthalten, eignet sich dieses Verfahren nicht (bzw. nur dann, wenn Schellack-Klarlack glänzend verarbeitet wird, dem zusätzlich mindestens die dreifache Menge an Pflanzen-Alkoholverdünnung zur starken Verdünnung zugesetzt wurde).

»moderne« Schellackverarbeitung

Heute empfiehlt sich für Schellacke das Spritzverfahren (wegen des Alkoholgehalts sind nur ex-geschützte Geräte geeignet); von der Verarbeitung mit dem Pinsel ist eher abzuraten, da der Schellack sehr rasch antrocknet und ein streifen- und ansatzfreies Verarbeiten – vor allem bei flächigen Bauteilen – nur mit größter Sorgfalt möglich ist. Die trockene, sauber geschliffene und entstaubte Holzoberfläche ist zunächst mit Schellack-Klarlack glänzend, verdünnt mit 5–10% Pflanzen-Alkoholverdünnung, zu grundieren. Bei Spritzverarbeitung sollte der Lack im Kreuzgang aufgebracht werden. Nach rund 2–4 Stunden ist diese Grundbehandlung trocken, schleifbar (Körnung 200/220) und überarbeitbar. Für die Weiterbearbeitung stehen drei verschiedene Schellack-Typen zur Verfügung: Je nach gewünschtem Glanzgrad der fertigen Oberfläche verwendet man den Schellack-Klarlack glänzend, den Schellack-Klarlack samtmatt oder den Arven-Schellack seidenglänzend. Der unverdünnte Schellack wird, wie zuvor beschrieben, mit dem Spritzgerät aufgetragen. Üblicherweise reichen zwei Arbeitsgänge – mit einer zwischenliegenden Trockenzeit von 2–4 Stunden und einem Zwischenschliff mit Körnung 240 – so daß die fertige Schellackoberfläche aus insgesamt drei Auftragsgängen besteht (s. Abb. 15). Obwohl der Schellack sehr rasch antrocknet, wird die Endhärte erst nach rund 2 – 4 Tagen erreicht. In dieser Zeit ist der Lack noch schonend zu behandeln.

Naturharzöl-Klarlack und Natur-Bernsteinlack

• Alternativ zu den Schellacken kann ein Naturharzöl-Klarlack oder auch ein Natur-Bernsteinlack verwendet werden. Dies sind Lacke, die im wesentlichen Baumharze bzw. reinen Bernstein als Bindemittel enthalten und eine glänzende Oberfläche ergeben. Da sie nicht wasserempfindlich sind, können sie grundsätzlich für alle Möbel in Betracht kommen. Der strapazierfähigere von beiden ist der Natur-Bernsteinlack, deshalb sollte dieser für höherwertige Flächen mit höherer mechanischer Belastung (z.B. Stühle, Bänke) gewählt werden.

Der geschliffene und saubere Untergrund wird mit Naturharzöl-Klarlack bzw. mit Natur-Bernsteinlack, jeweils verdünnt mit 20% Pflanzen-Balsam-

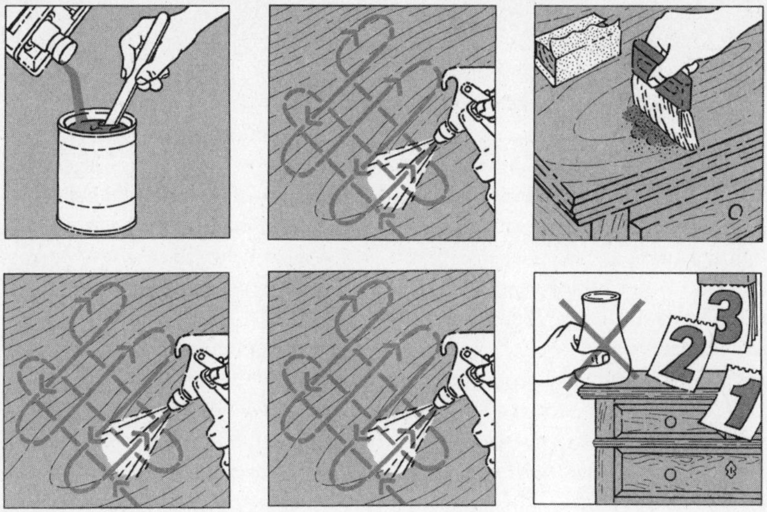

Abb. 15: Verarbeitung von Schellacken im Spritzverfahren

verdünnung, grundiert. Die Verarbeitung erfolgt mit der Spritzpistole oder mit dem Lackierpinsel. Da diese Lacke langsamer trocknen und einen besseren Verlauf haben als die Schellacke, macht hier die manuelle Pinselverarbeitung keine Probleme. Nach einer Trockenzeit von 24–48 Stunden beim Naturharzöl-Klarlack bzw. von 8 Stunden beim Natur-Bernsteinlack und einem Zwischenschliff (Körnung 200/220) erfolgt eine Zwischenbehandlung mit Naturharzöl-Klarlack, verdünnt zu 10% mit Pflanzen-Balsamverdünnung, bzw. mit Natur-Bernsteinlack unverdünnt. Nach einer erneuten Trockenzeit von 24–48 bzw. 8 Stunden und einem sauberen Zwischenschliff (Körnung 240) schließt die Schlußbehandlung mit jeweils unverdünntem Lack ab. Die Endhärte der fertigen Oberfläche ist beim Naturharzöl-Klarlack erst nach etwa 4 Wochen und beim Natur-Bernsteinlack nach etwa 24–48 Stunden erreicht; bis dahin sollte mit den Flächen noch schonend umgegangen werden.

Effekte bei Korpusmöbeln innen: Leinöl und Insektenabwehr mit Arvengeist

Eine Besonderheit bietet der Arven-Schellack seidenglänzend. Er enthält – der Name deutet darauf hin – Arvenöl, das ätherische Öl der Hochgebirgs-Zirbelkiefer. Dieses Öl wirkt abschreckend auf viele Insektenarten (wie Motten, Kornkäfer und weitere Vorratsschädlinge). Schränke für das Lagern von Wollwaren oder auch Getreide und Lebensmittel können durch die Lackierung mit Arven-Schellack seidenglänzend insektenabweisend ausgerüstet werden. In den Hohlräumen der (geschlossenen) Schränke kann sich der Duft am besten entfalten, zumal er mit der Luftzirkulation nicht abgeführt bzw. verdünnt wird. In offenen Regalen ist der Effekt zwar auch vorhanden, jedoch mit geringerer Intensität. Kleiderschränke, in denen Kleidung aus Naturseide oder reine Wollwaren gelagert werden, sollten mit diesem Arvenöl-haltigen Schellack behandelt werden. Wenn die Wirkung nach Monaten bzw. Jahren nachgelassen hat (am Geruch erkennbar), kann mit dem sogenannten Kornkammer-Sprühmittel erneut Arvengeist fein auf die Regale oder Schränke aufgesprüht werden.

Eigengerüche von Naturstoffen im Innern von Möbeln

Grundsätzlich können sich Eigengerüche von Naturstoffen im Inneren geschlossener Möbel wegen geringer Luftzirkulation am längsten halten – was für die Mottenabwehr mittels Arvenöl ja gerade positiv ist. Dieser Effekt kann jedoch unter bestimmten Umständen bei der Verwendung der leinölhaltigen Produkte Naturharzöl-Imprägniergrund, Natur-Hartöl-Imprägnierlasur, Kräuterfirnis, Leinölfirnis etc. negativ wirken. Leinöl hat einen dezenten, aber charakteristischen Eigengeruch, der bei normaler Anwendung durch die rasche Trocknung des Filmes schnell vergeht. Anders kann dies in ungünstigen Fällen im Innern geschlossener Holzmöbel sein: Bei ungenügender Belüftung direkt nach der Behandlung hält der Geruch länger an und wirkt daher gelegentlich bei besonders geruchsempfindlichen Menschen störend. In solchen Fällen ist anzuraten, bei der Oberflächenbehandlung von Schrankinnenräumen auf leinölhaltige Grundierungen zu verzichten oder diese zunächst in geöffnetem Zustand vollständig aushärten zu lassen. In diesen Fällen kann es angebracht sein, das innenliegende Holz ausschließlich mit Lärchenharz-Möbelbalsam zu wachsen – allerdings erst nach sorgfältigen Vorversuchen auf einem Probeholz, um die Polierbarkeit des so aufgetragenen Wachses zu erproben. Als Alternative bieten sich auch die Produkte Naturharzöl-Grundierung - wasserverdünnbar - und Naturharzöl-Wachs - wasserverdünnbar - oder auch die verschiedenen Klarlacke an.

Möbeloberflächen farbig

Die farbige Möbeloberfläche sollte immer die Ausnahme sein. Einerseits sind farbige Naturharzöl-Lasuren und die farbigen Decklacke wegen ihrer Elastizität typische Bautenlacke und ursprünglich für Holz an Fenstern und Fassaden vorgesehen. Andererseits ist die farbige Pigmentierung der verschiedenen öligen Grundierungen wie z.B. Naturharzöl-Imprägniergrund oder Natur-Hartöl-Imprägnierlasur bei mechanischer Belastung der Möbel langfristig nicht absolut abriebfest, so daß sich hier Gebrauchsspuren einstellen können.

• Wenn der Wunsch nach farbig gestalteten Möbeln und gleichzeitig nach konsequenten Naturfarben jedoch deren Nachteile überwiegt, so können ausnahmsweise farbige Naturharzöl-Lasuren und farbige Natur-Decklacke auch bei Möbeln zum Einsatz kommen. Man streicht auf das rohe und saubergeschliffene Holz zunächst einen Naturharzöl-Imprägniergrund und anschließend – nach ausreichender Trockenzeit sowie sorgfältigem Zwischenschliff – je nach Wunsch (lasierende oder deckende Oberfläche) ein- bis zweimal eine farbige Naturharzöl-Lasur bzw. einmal eine Naturharz-Vorstreichfarbe und ein- bis zweimal einen Naturharzöl-Weiß- oder -Buntlack. Die Verarbeitung muß hier mit dem Pinsel erfolgen, nur der Lackaufbau kann ausnahmsweise auch durch Spritzen aufgebracht werden. Weitere Hinweise zur Verarbeitung von farbigen Lasuren und Decklacken siehe S. 35-36.

• Farbige Eintönung von Naturharzöl-Imprägniergrund und Natur-Hartöl-Imprägnierlasur mit bis zu 20% Abtönfarben für Naturharzöle sind ebenfalls möglich; Verarbeitung nur durch Streichen. Wegen der ungleichmäßigen Saugfähigkeit von Holz, von dem eventuell ein Teil der farbigen Mischung wieder herunterzuwischen ist, um Trocknungsproblemen vorzubeugen, sind unbedingt Vorversuche zu empfehlen. Anschließend kann die so grundierte Fläche mit den Wachsprodukten endbehandelt werden.

• Das farbig lasierende Einfärben ist auch bei der Naturharzöl-Grundierung - wasserverdünnbar - möglich. Diese kann bis zu 5% mit den Abtönfarben für Wandfarben (ggf. auch mit den Abtönfarben für Naturharzöle) eingefärbt werden. Hier ist ganz besonders auf ein zügiges und gleichmäßiges Auftragen zu achten, um einer Streifenbildung vorzubeugen. Interessante »Beiz«-Effekte lassen sich mit Naturharzöl-Grundierung - wasserverdünnbar - und max. 10% Wandlasur-Pflanzenfarben erreichen. Diese Mischung kann mit Pinsel, Schwamm oder Ballentuch verarbeitet werden; mit dem Spritzgerät oder auch mit einer kurzflorigen (!) Lammfellrolle (keine Kunststoffrolle) wird die streifenfreie und gleichmäßige Verarbeitung sehr erleichtert. Auch hier ist anschließend nachzuwachsen: mit dem farblosen Naturharzöl-Wachs - wasserverdünnbar -; Näheres zur Verarbeitung s.S. 28-29.

sehr kräftige Beizeffekte

• Sehr kräftige Beizeffekte sind auch möglich; hier muß allerdings eine Eigenmischung verwendet werden. Etwa 30% Naturharzöl-Klarlack, 30% Naturharzöl-Weiß- oder -Buntlack und 40% Pflanzen-Balsamverdünnung ergeben diese Mischung, die als kräftig eingefärbte Grundierung verwendet werden kann: Nach der Verarbeitung – die nur durch Streichen erfolgen soll – dürfen keine glänzenden Überstände auf der Holzoberfläche verbleiben. Eine Trockenzeit von etwa 18–24 Stunden ist zu erwarten. Es sind unbedingt Vorversuche notwendig, denn abhängig von der Holzart (stärkere oder weniger starke Saugfähigkeit) ist mehr oder weniger Pflanzen-Balsamverdünnnung erforderlich. In verschiedenen Tischlereien und Schreinereien hat sich diese Mischung bereits bewährt. Man kann sie allerdings nicht vorfertigen und daher auch nicht fertig kaufen, da sie sich rasch absetzt – häufiges Umrühren ist während der Verarbeitung unbedingt notwendig. Es sollte daher nur soviel angesetzt werden, wie für ein Möbel bzw. für den Gesamtauftrag nötig sind. Ein wichtiger Hinweis: um bei späteren Folgeaufträgen oder bei passend eingefärbten Nachfertigungen den gleichen Farbton anzumischen, empfiehlt es sich dringend, von der Erstmischung ein Protokoll zu fertigen, in dem die genauen Anteile der einzelnen Komponenten vermerkt sind.

Selbstgemachte Ölgrundierung und Bienenwachspolitur

Für eine sehr einfache, preiswerte Oberflächenbehandlung – die jedoch nicht die Leistungen der zuvor beschriebenen Spezialprodukte erreicht – sei abschließend den Selbermachern ein Tip gegeben. Man mischt sich aus 50% Leinölfirnis und 50% Pflanzen-Balsamverdünnung ein sogenanntes Halböl und läßt damit das Holz ein. Nur soviel aufstreichen, wie auch ins Holz einzieht; ggf. mehrmals arbeiten. Es dürfen jedoch keine Überstände auf der

Holzfläche stehenbleiben, da es sonst hartnäckige Trocknungsverzögerungen gibt. Mit einer selbstgemachten Bienenwachspolitur wird das Holz nach rund 1–2 Tagen Trockenzeit eingewachst und nach 1–2 Tagen poliert. Es gibt zwei Möglichkeiten für diese Bienenwachspolitur. Ein recht einfaches Wachsprodukt, welches mit dem Lappen aufgerieben wird, entsteht durch Schmelzen von Bienenwachs in einem Blechgefäß (im Wasserbad!) unter Hinzufügen von Leinölfirnis (Verhältnis etwa 1:9 bis 3:7). Ein verfeinertes Wachs erleichtert die Verarbeitung (streichfähiges Wachsprodukt): Man gibt zu dieser fertigen Mischung Pflanzen-Balsamverdünnung etwa im Verhältnis 8:2 bis 1:1 (erwärmen im Wasserbad und gut mischen: unbedingt Zündquellen fernhalten aufgrund der Brennbarkein der Terpentinöldämpfe). Nach dem Erkalten sind die jeweiligen Wachsmischungen verarbeitungsfertig.

Oberflächenbehandlung von Innentüren

Ölen und Wachsen

• Auch für Innentüren aus Holz gilt ebenso wie für Möbel die Devise: Türen sollten möglichst farblos geölt und gewachst werden. Dies ist die aus baubiologischen Gründen günstigste Oberflächenbehandlung sie ist zudem noch einfach, also ohne größeren Aufwand zu pflegen und zu renovieren. Auch hier wird das Holz mit Naturharzöl-Imprägniergrund »naß in naß« eingelassen, um nach Abnehmen des nicht eingedrungenen Überstandes, 24stündiger Trocknung und leichtem Zwischenschliff Lärchenharz-Möbelbalsam hauchdünn mit einem nichtflusenden Lappen (Ballentuch aus Baumwolle oder Leinen) aufzureiben. Nach dem Polieren der Wachsschicht mit Ballentuch, Polierscheibe mit Lammfellhaube oder Polierbürste ist die samtglänzende Oberfläche fertig.

Klarlackierung

• Zur Klarlackbehandlung eignen sich der Naturharzöl-Klarlack oder der Natur-Bernsteinlack. Der Natur-Bernsteinlack ist der etwas hochwertigere (er ist auch etwas dunkler als der Naturharzöl-Klarlack), doch gibt es hier keine besonderen Präferenzen. Die unbehandelte und fein geschliffene Tür wird zunächst mit verdünntem (20% Pflanzen-Balsamverdünnung) Lack grundiert. Anschließend erfolgen zwei weitere Arbeitsgänge mit dem jeweils gewählten Lack, wobei der Naturharzöl-Klarlack beim nächstfolgenden Arbeitsgang zu 10% mit Pflanzen-Balsamverdünnung verdünnt werden sollte. Alle anderen Lackaufträge werden unverdünnt ausgeführt. Zwischen den einzelnen Arbeitsgängen ist jeweils ein Zwischenschliff erforderlich, um eine hochwertige Oberfläche zu erzielen. Weitere Einzelheiten der Lackverarbeitung sind bereits bei Möbeln beschrieben worden (s.S. 29-30).

• Ebenso ist die Anwendung der Naturharzöl-Grundierung - wasserverdünnbar -, des Naturharzöl-Wachses - wasserverdünnbar - sowie des Spezialprodukts Heißwachs bei Innentüren die gleiche wie bei Holzmöbeln.

• Für die farbige Oberflächenbehandlung gibt es die pigmentierten Naturharzöl-Lasuren – fertig angemischt in 24 Farbtönen – oder die Naturharzöl-Weiß- bzw. -Buntlacke. Sowohl die farbigen Naturharzöl-Lasuren als auch die Weiß- und Buntlacke lassen sich beliebig untereinander mischen, so daß über die angebotene Farbpalette hinaus eine Vielzahl von Farbtönen mit Pastellcharakter möglich ist.

In beiden Fällen – ob Lasur oder Lack – wird die geschliffene Holzoberfläche mit Naturharzöl-Imprägniergrund »naß in naß« eingelassen (Streichen oder auch – bei Serienfertigung – Tauchen). Höchstens 15 Minuten nach der Verarbeitung muß der nicht eingedrungene Imprägniergrund mit einem Lappen oder trockenen Pinsel abgenommen werden. Nach 24stündiger Trocknung und leichtem Zwischenschliff (Körnung 220) wird weitergearbeitet. Für lasierende Oberflächen wird die farbige Naturharzöl-Lasur verwendet. Je nach Farbtonwunsch und -intensität kann man aber auch einer farblosen Naturharzöl-Lasur 5–15% Abtönfarbe für Naturharzöle zusetzen. Die Verarbeitung der Naturharzöl-Lasur erfolgt dünn und gleichmäßig durch Streichen (Abb. 16). Grundsätzlich ist auch Spritzen möglich. Beim Spritzen ist jedoch darauf zu achten, daß man die vom Hersteller des Spritzgeräts empfohlene

Abb. 16: Verarbeitung farbiger Naturharzöl-Lasuren auf Türen nach Grundierung und Zwischenschliff (oben)

Düsengröße für dünnflüssige Flüssigkeiten mit niedriger Viskosität wählt; zudem ist sehr zügig zu arbeiten, damit nicht zu viel Lasur auf die Türfläche aufgebracht wird. Dies nämlich führt zu erheblichen Trocknungsverzögerungen. Üblicherweise beträgt die Trockenzeit 24 Stunden. Je nach Farbtonwunsch und - intensität kann ein zweiter und dritter Lasuranstrich erfolgen mit jeweils einem leichten Zwischenschliff (Körnung 240) und 24stündiger Trockenzeit.

Decklackierung

Die Alternative zur Lasur ist die Decklackierung. Hierzu kann, sofern sämtliche Poren des Holzes geschlossen sind und eine völlig glatte Oberfläche ohne sich abzeichnende Holzmaserung gewünscht wird, nach dem Naturharzöl-Imprägniergrund zunächst mit Naturharzöl-Lackspachtel dünn abgespachtelt werden. Nach Trocknung von 24 Std. kann das Abspachteln bei Bedarf wiederholt werden. Der getrocknete Lackspachtel ist sehr sorgfältig zuschleifen (trocken: Körnung 150–180; naß: Körnung 150) und zu entstauben. Auf den Naturharzöl-Lackspachtel bzw. den Naturharzöl-Imprägniergrund erfolgt der Auftrag der Naturharz-Vorstreichfarbe mit Pinsel, Lackierrolle oder im Spritzverfahren. Die Trockenzeit beträgt etwa 36 Stunden. Für eine saubere und glatte Lackoberfläche ist unbedingt ein guter Zwischenschliff (Körnung 220/240) erforderlich. Anschließend werden die Naturharzöl-Weiß- oder -Buntlacke in ein- bis zweimaligem Anstrich dünn aufgebracht; die Verarbeitung – vor welcher sehr gut aufzurühren ist – erfolgt wiederum mit Pinsel, Lackierrolle oder Spritzgerät. Die Trocknungszeit beträgt nach jedem Arbeitsgang 24–48 Stunden. Wichtig: Die vom jeweiligen Hersteller angegebenen Aufbringmengen sind unbedingt einzuhalten; zu dicker Auftrag führt zu erheblichen Trocknungsverzögerungen.

Auch mit der Naturharzöl-Grundierung - wasserverdünnbar - und dem Naturharzöl-Wachs - wasserverdünnbar - lassen sich sehr interessante farbig lasierende Gestaltungen oder zarte »Beiz«-Effekte erreichen. Nähere Hinweise und Fragen der Verarbeitungstechnik finden Sie auf den S. 28 f./33.

Oberberflächenbehandlung von Holz an Wänden und Decken

• Bei Holzvertäfelungen an Wänden und Decken empfiehlt es sich, zugunsten der geölten und gewachsten Oberfläche auf Lacke und Lasuren zu verzichten – ebenso, wie für Möbel und alles andere Holz im Innenausbau die geölte und gewachste Oberfläche vorgesehen werden sollte. Man erhält preiswerte, strapazierfähige, samtglänzende Oberflächen, die das Holz in seiner natürlichen Schönheit und Textur sehr hervorheben. Da Holz an Wand und Decke in der Regel großflächig eingesetzt wird, ist hier die Dampfdiffusionsfähigkeit, die der Öl- und Wachsoberfläche eigen ist, besonders wichtig. Zudem sind Öle und Wachse einfach nachzuarbeiten und können ohne großen Aufwand gepflegt werden.

Ölen und Wachsen

Wie bei Möbeln und Türen auch, wird das Holz zunächst mit Naturharzöl-Imprägniergrund »naß in naß« eingelassen (Hinweise zur Verarbeitung s.S. 24-26). Nach 24stündiger Trocknung und leichtem Zwischenschliff wird gewachst: Bei diesen meist recht großen Flächen empfiehlt sich der Einfachheit halber das Bienenwachs-Streichbalsam. Dieses wird in der Regel mit dem Pinsel verarbeitet und in dünner Schicht gleichmäßig aufgebracht. Um Klebrigkeiten und Trocknungsverzögerungen zu vermeiden, ist die Wachsschicht hauchdünn zu halten. Das Polieren mit Ballentuch, Polierbürste oder Polierscheibe mit Lammfellhaube nach 20–60 Minuten (Endglanzgrad seidenmatt) bzw. nach 1–4 Stunden (Endglanzgrad seidenglänzend) ergibt die fertige Oberfläche.

• Die an Wand- und Deckenverkleidungen meist großflächig verarbeiteten Naturharzöl-Produkte führen während und unmittelbar nach der Verarbeitung zur Abdunstung von ätherischen Ölen in relativ großen

Ölen und Wachsen - wasserverdünnbar

Mengen. Wenn diese auch bald verfliegen, so kann jedoch zunächst eine nicht unerhebliche Belästigung bzw. Belastung der Wohnraumluft auftreten. Sie zu vermeiden ist mit wasserverdünnbaren Produkten möglich: mit der Naturharzöl-Grundierung-wasserverdünnbar - und dem Naturharzöl-Wachs - wasserverdünnbar -.

Die Naturharzöl-Grundierung - wasserverdünnbar - wird mit Pinsel, Ballentuch, Schwamm oder auch mit dem Spritzgerät auf die feingeschliffene Holzoberfläche aufgetragen. Dazu ein wichtiger Hinweis: gleichmäßig, zügig und nur in Faserrichtung arbeiten, das Produkt zieht sehr schnell an, eventuell vorhandene Überstände können nicht wieder weggenommen werden. Nach der Trocknungszeit von etwa 6 Stunden wird die Fläche sauber angeschliffen (220er Körnung) und entstaubt. Mit Pinsel, Ballentuch, Schwamm oder Spritzgerät wird das Naturharzöl-Wachs - wasserverdünnbar - ebenfalls zügig, gleichmäßig und nur in Faserrichtung aufgetragen, um ungleichmäßigen und streifigen Oberflächen vorzubeugen. Nach rund 1 Stunde muß die Fläche mit nichtflusendem weichen Lappen oder einem Poliergerät mit Lammfellhaube poliert werden. Die Oberfläche wird leicht seidenglänzend. Wichtig: Ohne großen Druck arbeiten und keine Polierbürste verwenden. Die Endhärte wird nach etwa 2 Wochen erreicht; während dieser Zeit sind die Oberflächen noch schonend zu behandeln.

• Selbstverständlich kann auch an Wand und Decke uneingeschränkt die ganze Palette der Naturharzöl-Produkte verwendet werden, die bei Möbeln geeignet ist. Für die weitere Verarbeitung sei auf die Möbel hingewiesen(siehe S. 23 ff); Decklackierungen und die farbige lasierende Gestaltung – an Wand und Decke uneingschränkt durchführbar – sind auf den Seiten 32-33 und auf den Seiten 35-36 beschrieben.

einfaches Ölen

• Speziell Holzdecken und auch Deckenbalken unterliegen in der Regel keinerlei Oberflächenbeanspruchung. Daher kann man auf einen schützenden Oberflächenfilm verzichten und das Holz roh lassen, wenn man keine ästhetischen Ansprüche stellt. Doch im Laufe der Monate und Jahre wird das unbehandelte Holz wegen seiner mikroskopisch ungleichmäßigen Struktur möglicherweise verstauben und etwas schmuddelig werden. Auch das Abfegen oder Abreiben des rohen Holzes ändert daran wenig; im Gegenteil, man reibt den Staub tiefer in die Poren hinein. Eine einfache Grundierung mit Naturharzöl-Imprägniergrund (enthält ätherische Öle und feuert das Holz an) bzw. Naturharzöl-Grundierung - wasserverdünnbar - (enthält Wasser als Lösemittel und feuert Holz nicht an) kann die Reinigungsfähigkeit erleichtern und die Verschmutzungsneigung verringern. Damit steht auch im Deckenbereich eine einfache und preiswerte Alternative zur Wahl.

Holz in Feuchträumen

Holzwände und Decken in Feuchträumen wie Duschen und Bädern unterscheiden sich prinzipiell nicht von denen in sonstigen Räumen. Daher können sie grundsätzlich ebenso behandelt werden, wie es auch in den vorigen

Abschnitten beschrieben ist. Einige Spezialitäten erfordern jedoch die gesonderte Erwähnung. Gerade in Feuchträumen empfiehlt es sich, die Holzoberflächenbehandlung so dampfdiffusionsfähig wie möglich zu gestalten, um der gelegentlich äußerst hohen Luftfeuchte entgegenzuwirken. Diese Luftfeuchtespitzen können relativ rasch vom Holz abgebaut und gepuffert werden. Beispiel: Glasierte Fliesen oder Spiegel sind nicht in der Lage, Feuchtigkeit aufzunehmen: sie beschlagen, Wasser läuft herunter. Holz hingegen nimmt Wasser auf, es beschlägt nur äußerst selten (sofern dampfoffen behandelt) und wirkt ausgleichend auf das Raumklima. Daher ist unbedingt zu einer geölten und gewachsten Oberfläche zu raten; Holz im Deckenbereich dagegen braucht nur geölt zu werden.

Lediglich im Schwallwasserbereich – wenn Holzverkleidungen z.B. im unmittelbaren Bereich der Duschwanne angebracht sind und mit Wasser bespritzt werden können – sollte man die farblos (oder auch farbig) lasierte Oberfläche bevorzugen. Hier gelten grundsätzlich die gleichen Voraussetzungen und Regeln (auch konstruktiv) – und damit auch die gleichen Verarbeitungsrichtlinien – wie an Holzfassaden im Außenbereich.

Oberflächenbehandlung von Holzfußböden

Holzfußböden sind zu Recht sehr beliebt. Die leichte Verarbeitbarkeit, die hohe Wertbeständigkeit, die lebendige Maserung und vor allem die baubiologischen Eigenschaften (Dampfdiffusions- und Resorptionsvermögen) sprechen für das Bodenbelagsmaterial Holz. Fußböden sind mechanisch besonders stark beanspruchte Bauteile. Daher ist auf die Oberflächenbehandlung und Pflege besonderes Augenmerk zu legen. Eine Fußbodenbehandlung muß wasser- und schmutzabweisend, strapazierfähig, leicht zu pflegen und vor allem leicht zu reparieren sein. Um den hohen Wert und die wunderbaren biologischen und ästhetischen Eigenschaften des Holzes als natürlicher Baustoff zu unterstreichen, sollten nur Naturprodukte verwendet werden.

Aus baubiologischen und raumklimatischen Gründen ist in jedem Fall immer die dampfdiffusionsfähige Wachsbehandlung zu bevorzugen. Auf das Lackieren (auch »Versiegeln« genannt) sollte – auch wegen der ungünstigen Renovierungseigenschaften – verzichtet werden. Farbige Fußbodenoberflächen sind mit Naturprodukten leider nicht möglich. Naturharzöl-Lasuren und Naturharzöl-Weiß- und -Buntlacke sind nicht im Fußbodenbereich einsetzbar, pigmentierte Natur-Hartöl-Imprägnierlasur bindet die Pigmente auf Dauer nicht fest genug ein, so daß sich nach wenigen Monaten Laufstraßen bilden.

Vorbereitung der Oberfläche

Vor der Behandlung muß die Oberfläche des Holzfußbodens gut abgeschliffen und entstaubt werden. Viele Parkettböden (z.B. Mosaikparkett) müssen mit Spezialschleifgeräten abgeschliffen werden, da sie nach der Verlegung häufig sehr unebene Oberflächen bilden; die Lamellen differieren teilweise um mehrere zehntel Millimeter in der Höhe. Manchmal sind auch schmale Fugen (einige zehntel Millimeter breit) zwischen den einzelnen Parkettlamellen auszuspachteln. Bei diesem Arbeitsgang wird oft die komplette Parkettfläche abgespachtelt. Als Spachtelmasse eignet sich ein selbstangerührter Teig aus dem Schleifstaub und dem jeweils zu verwendenden öligen Grundbehandlungsprodukt. Der Schleifstaub, der bei der Parkettbehandlung zunächst also noch nicht entsorgt werden sollte, wird mit Natur-Hartöl-Imprägnierlasur oder auch mit Natur-Bernsteinlack zu einem mittelviskosen, gut spachtelbaren Teig angerührt. Genaue Rezepte können hier nicht angegeben werden, da die jeweiligen Anteile naturgemäß mit der jeweiligen Holzart und der mittleren Partikelgröße des Schleifstaubs sehr stark variiren können. Nach der Verarbeitung des Spachtels, der je nach aufgetragener Menge und Fugenbreite etwa 24–48 Stunden zum Aushärten braucht, bzw. nach dem Ausspänen der breiteren Fugen von Dielenfußböden ist die Fläche noch einmal sauber abzuschleifen und zu entstauben.

selbstangerührte Spachtelmasse

Bei Dielenfußböden ist es unüblich, die Fugen – die dort meist grundsätzlich vorhanden sind – auszuspachteln. Sie werden hier einfach offen gelassen bzw., wenn die Fugenbreite im Bereich von Millimetern liegt, mit einem Holzstreifen ausgespänt.

Ölen und Wachsen

Zur Grundierung wird Natur-Hartöl-Imprägnierlasur mit Pinsel oder Flächenstreicher satt aufgetragen (nur bei schlecht saugenden Hölzern wie z.B. Fichte mit bis zu 20% Pflanzen-Balsamverdünnung verdünnt). Das Hartöl muß vollständig in das Holz eingedrungen sein; evtl. vorhandene Überstände von nicht eingedrungenem Hartöl müssen vor dem Antrocknen nach spätestens 10 Minuten mit einem Lappen oder trockenen Pinsel abgenommen werden, um hartnäckige Trocknungsverzögerungen zu vermeiden. Bei großen Fußbodenflächen kann es sinnvoll sein, abschnittweise zu arbeiten und zunächst nur diejenige Teilfläche zu grundieren, die man nach etwa 10 Minuten auch wieder abwischen kann (es sei denn, es bleibt kein Überstand).

Das Arbeitsverfahren »naß in naß« empfiehlt sich wegen der raschen Antrocknung des Hartöls nicht. Ebenso sollte man darauf verzichten, Hartöl auf der Fußbodenfläche auszugießen und mit einem Gummirakel o.ä. zu verteilen. Häufig setzt sich die Teilfläche, auf der zunächst die Pfütze Hartöl gestanden ist, wegen erhöhter Hartölaufnahme des Holzes dunkler ab. Vor allem bei Dielenfußböden sind dieses Gummirakelverfahren und überhaupt eine zu üppige Aufbringmenge strikt zu vermeiden, da ein Teil des Hartölüberschusses unweigerlich in die Fugen hineinläuft und sie sogar anfüllen kann (Nachteile: Trocknungsverzögerungen, Klebrigkeitseffekte, Gerüche nicht ausgetrockneter Leinölanteile, nicht zuletzt auch überflüssiger Materialverbrauch). Dielen sind daher in Faserrichtung und einzeln zu streichen. (Abb.17) Nach 24stündiger Trocknung und leichtem Zwischenschliff ist als Zwischenbehandlung ein weiterer Arbeitsgang mit Natur-Hartöl-Imprägnierlasur unverdünnt auszuführen; hier jedoch besonders dünn und sparsam arbeiten. Auch hier sind evtl. vorhandene Überstände von nicht eingedrungenem Hartöl vor dem Antrocknen nach spätestens 10 Minuten mit einem Lappen oder trockenen Pinsel abzunehmen; widrigenfalls ist mit hartnäckigen

Abb. 17: Arbeitsgänge für die geölte und gewachste Fußbodenoberfläche: Abschleifen, Abspachteln, Aufrühren von Natur-Hartöl-Imprägnierlasur, Grundieren, Abnehmen des Überstandes, Zwischenbehandlung, Wachsen (mit einem Lappen bei kleineren Flächen), Trocknungszeit, Polieren

Trocknungsverzögerungen zu rechnen. Während der anschließenden 24–48 Stunden Trockenzeit ist jeder Schmutzeintrag strikt zu vermeiden. Besonders in Neubauten, in denen noch Handwerker arbeiten, ist dies sehr nachdrücklich zu beachten, da es sonst durch das »Einbacken« der Schmutzteile in die noch nicht völlig trockenen Bindemittel unweigerlich zu hartnäckigen und schwer entfernbaren Oberflächenstörungen kommt.

Die Schlußbehandlung erfolgt mit Pflanzen-Hartwachsbalsam, einem bienenwachs- und carnaubawachshaltigen Spezialwachs für die Oberfläche stark strapazierter Hölzer. Das Wachs wird einmal hauchdünn mit nichtflusendem Lappen (Baumwolle oder Leinen) gleichmäßig aufgetragen. Bei größeren Flächen lohnt sich der Einsatz einer Bohnermaschine mit Vorwärmgerät bzw. einer Heißwachsmaschine. Um Klebrigkeiten oder Trocknungsverzögerungen zu vermeiden, ist der Wachsauftrag hauchdünn zu halten. Im Zweifelsfalle sollte lieber zu sparsam gearbeitet werden. Nach der Trocknung wird mit Ballentuch, Polierbürste, Polierscheibe mit Lammfellhaube, Blocker/Bohnerbesen oder Bohnermaschine poliert. Der Glanzgrad der Oberfläche hängt von der Zeit zwischen Wachsauftrag und Polieren ab: Nach 4–6 Stunden ergibt sich seidenmatter Glanz, nach ca.24 Stunden wird die Oberfläche seidenglänzend. Die Endhärte der fertigen Fußbodenoberfläche wird erst nach einigen Tagen erreicht, bis dahin bitte noch schonend behandeln.

Öl und Wachs als optimale Fußbodenbehandlung

Mit dem geölten und gewachsten Holzfußboden ist das Optimum dessen erreicht, was die biologische Oberflächenbehandlung bieten kann. Der besondere Vorteil dieser Oberfläche: Verletzungen oder lokale Abnutzungen (z.B. im Bereich einer Tür oder unter einem Tisch) können problemlos nachgepflegt, beseitigt oder renoviert werden – und das ohne Ansatz zur Umgebung (s.S. 45). Man muß also nicht die Gesamtfläche überarbeiten, sondern nur Teilbereiche; ein entscheidender Vorteil gegenüber allen lackierten Fußböden, wo – auch bei Kunstharzlackierungen – unweigerlich auftretende »Macken« und Benutzungsspuren nur durch die sehr aufwendige Renovierung der Gesamtfläche beseitigbar sind.

Klarlackieren

Daß die Klarlackierung von Fußböden immer nur zweite Wahl sein kann, ist bereits dargelegt worden. Wer sich trotzdem für eine solche »Versiegelung« entscheidet, muß sich darüber im Klaren sein, daß die Naturprodukte in Punkto Oberflächenhärte, Abrieb- und Kratzfestigkeit nicht vollkommen gleichwertig mit den konventionellen Spezial-Kunstharzversiegelungen sind.

Natur-Bernsteinlack

Unter diesen Voraussetzungen kann man Holzfußböden mit Natur-Bernsteinlack behandeln. Zur Grundierung wird der Natur-Bernsteinlack zu 20% mit Pflanzen-Balsamverdünnung verdünnt und mit Pinsel oder Flächenstreicher gleichmäßig auf der Fußbodenoberfläche verstrichen. Wie beim Hartöl sollte darauf verzichtet werden, den verdünnten Lack auf der Fußbodenfläche auszugießen und mit einem Gummirakel o.ä. zu verteilen (Gefahr von Überaufnahme und Dunkelfärbung des Holzes im Bereich der Lackpfütze). Vor allem bei Dielenfußböden sind dieses Gummirakelverfahren und überhaupt eine zu üppige Aufbringmenge zu vermeiden, da ein Teil des verdünnten Lacks in die Fugen hineinlaufen kann (Trocknungsverzögerungen, Klebrigkeitseffekte). Dielen müssen daher in Faserrichtung und einzeln gestrichen werden.

Der etwa 8stündigen Trocknung und dem feinen Zwischenschliff (Körnung 180 oder 220) folgt die Zwischenbehandlung mit unverdünntem Natur-Bernsteinlack (Verarbeitung wie vor). Nach erneuter 8stündiger Trocknung und feinem und sauberem Zwischenschliff wird die Schlußbehandlung mit unverdünntem Natur-Bernsteinlack ausgeführt. Es ist ganz besonders auf die Einhaltung der vom Hersteller vorgeschriebenen Aufbringmenge von ca. 0,12–0,15 l/m^2 zu achten. Unterschreitungen führen zu verringerter Strapazierfähigkeit und Tauglichkeit, Überschreitungen zu erheblichen Trocknungsverzögerungen. Die Trockenzeit von 8 Stunden sollte zur besseren Aushärtung der Fußbodenlackierung möglichst auf 24 Stunden ausgedehnt werden. Rücksichtnahme tut der fertigen Oberfläche auch dann noch gut, wenn sie bereits trocken ist. Für die Qualität und das Aussehen der Lackfläche ist es besonders wichtig, den Fußboden bis zur völligen Durchhärtung des Lackes möglichst 1–2 Wochen lang schonend zu behandeln. Erst nach dieser Zeit kann ein Naturharzlack wie der Natur-Bernsteinlack vollends strapaziert werden.

Sonstige Holzoberflächen (Brettchen, Salatschüsseln, hölzernes Besteck, Obstschalen, Brotteller etc. bzw. Kleinteile und Spielzeug)

Hölzerne Küchengeräte wie Brettchen, Salatschüsseln, Besteck, Obstschalen, Brotteller etc. sowie Kleinteile und Spielzeug unterliegen außergewöhnlichen Belastungen durch die tägliche Küchenarbeit und durch die Benutzung. Sie kommen meist permanent mit Lebensmitteln in Kontakt (Beanspruchung z.B. durch alle Arten von z.T. färbenden und aggressiveren Flüssigkeiten wie Obst- und Gemüsesäfte, Zwiebel, Essig, Soßen etc.) und werden im Handspülwasser oder der Spülmaschine abgewaschen. Aufgrund der außergewöhnlichen Fleckunempfindlichkeit der reinen Leinölprodukte genügt für das Holz wie bei der Küchenarbeitsplatte ausschließlich der Kräuterfirnis oder der Leinölfirnis. Kräuterfirnis oder Leinölfirnis – hier gibt es keine technischen Unterschiede – wird zum tieferen Eindringen ins Holz erwärmt (Wasserbad mit 35–40 °C) oder im Verhältnis 1:1 mit Pflanzen-Balsamverdünnung verdünnt. Mit diesem erwärmten oder verdünnten Firnis werden die Gegenstände mehrmals »naß in naß« bis zur Sättigung eingelassen. Die Verarbeitung kann mit dem Pinsel erfolgen oder bei kleinen Teilen auch durch Untertauchen in dem Öl. Maximal 20–30 Minuten nach dem Verarbeiten muß der nicht eingedrungene Überstand an Firnis zur Vermeidung hartnäckiger Klebrigkeiten mit einem Lappen oder trockenen Pinsel gründlich abgenommen werden. Nach einer Trocknungszeit von 2–4 Tagen ist der Gegenstand gebrauchsfähig. Nach häufiger Nutzung/Abwasch und bei deutlichen Gebrauchsspuren kann das Holz durch einfaches Nachölen (am besten durch Aufreiben mit einem Lappen) aufgefrischt werden.

Kräuterfirnis oder Leinölfirnis

Eine ganz einfache Variante der Oberflächenbehandlung sind anstelle des Firnis Speiseleinöl, Olivenöl oder ähnliche für Speisezwecke geeignete (und zudem im Haushalt vorhandene) Öle. Der Nachteil dieser Öle: Sie trocknen nicht bzw. nicht in dem Maße wie der Firnis. Daher laugen die Oberflächen bei häufiger Nutzung und im Spülwasser schneller aus, sie sind also öfter nachzuölen.

Ein Sonderfall stellen die Holzgegenstände dar, die in der Regel nicht ins Spülwasser oder in die Spülmaschine gebracht werden: z.B. Obstschalen oder Brotteller. Hier kann man zu der Firnisgrundierung noch eine Wachsschicht aus Lärchenharz-Möbelbalsam auftragen (Verarbeitung hauchdünn mit Ballentuch, Polieren nach etwa 24 Stunden). Die gelegentliche Pflege mit Arvengeist-Möbelpolitur sorgt für eine saubere und bakterienabwehrend ausgerüstete Oberfläche.

Hölzernes Spielzeug sollte aus Gründen der Sinneshygiene (um den Kindern den sinnlichen Zugang zum Holz im Hinblick auf Geruch, Feuchtigkeitsaufnahme, Farbe, Struktur, Tastempfinden usw. nicht zu verwehren), immer geölt und gewachst werden. Man verwendet Naturharzöl-Imprägniergrund und Lärchenharz-Möbelbalsam bzw. Bienenwachs-Streichbalsam und verfährt damit wie auf S. 23-26 beschrieben. Kleinteile wie Würfel, Ringe, Räder, Spielfiguren für Gesellschaftsspiele etc. können in größerer Anzahl auch getrommelt werden (s.S. 121). Selbstverständlich sind nach vorheriger Anwendung von Naturharzöl-Imprägniergrund farblose und farbige Lasuren sowie Klar- und Decklacke möglich. Die vom Gesetzgeber und von den EG-Gremien geforderte Sicherheit ist gewährleistet: Auch Naturprodukte besitzen das vorgeschriebene CE-Zeichen der geprüften Sicherheit von Kinderspielzeug.

Holzspielzeug und Sinneshygiene

Schätzungsweise 50% der gesamten bundesdeutschen (alte Länder) Spanplattenproduktion wird in der Möbelindustrie abgesetzt[14]; im Innenausbau kann man grundsätzlich auf zahlreiche Holzwerkstoffe treffen. Der größte Teil der Holzwerkstoffplatten ist mit Furnieren, Schichtstoffplatten oder auch Kunststoffolien oder anderen Materialien beschichtet. Im ökologisch orientierten Möbel- und Innenausbau hingegen spielen diese Materialien eine untergeordnete Rolle.

Holzwerkstoffe (MDF, OSB etc.; furnierte Span- oder Tischlerplatten)

Sofern doch einmal Holzwerkstoffe zur Oberflächenbehandlung anstehen, helfen nachfolgende Tips weiter. Furnierte Span- oder sonstige Platten lassen sich ebenso behandeln wie Vollholz. Je nach Anwendungsbereich gelten die Ausführungen der vorherigen Kapitel. Im Gegensatz zu Vollholz besitzen sie aber nur eine sehr dünne durchtränkbare Holzzone: Es ist dies lediglich die Furnierschicht bis zur Leimfuge (wenige zehntel bis gut einen Millimeter). Die Aufnahmekapazität für Grundierungen wie Naturharzöl-Imprägniergrund, Natur-Hartöl-Imprägnierlasur, verdünnte Klarlacke etc. ist daher sehr begrenzt; man hat mit erheblich geringeren Verbrauchsmengen zu rechnen. Furnierte Platten können Fehler aufweisen, die gelegentlich der Oberflächenbehandlung angelastet werden. Leimdurchschläge[15], vor der Oberflächenbehandlung meist nicht zu erkennen, treten nach der Grundierung als unregelmäßige, oft wolkige helle Flecken hervor, weil nämlich nur das nicht leimdurchtränkte Furnier die Grundierung aufnimmt und daher dunkler wird als das quasi nur mit Leim behandelte Furnier. Kürschner[16], nur sehr schwer und meist durch Überfahren mit der Hand erkennbar (wobei sich die abgelöste Stelle durch ein feines Geräusch zeigt), können vor allem nach der Verarbeitung von Naturharzöl-Grundierung - wasserverdünnbar - und Naturharzöl-Wachs - wasserverdünnbar - aufquellen und leichte Wölbungen in der Furnierschicht bilden. Hier kann man durch Maßnahmen der Oberflächenbehandlung nicht entgegenwirken; diese Fehler sind beim Lieferanten der Platte oder des Möbels zu reklamieren.

furnierte Platten

Auf rohen Holzwerkstoffplatten kann, sofern eine Behandlung gewünscht ist, Naturharzöl-Imprägniergrund und anschließend Naturharzöl-Lasur,

rohe Platten

Naturharzöl-Klarlack bzw. Naturharz-Vorstreichfarbe und Naturharzöl-Weiß- oder -Buntlacken angewendet werden. Rohe Spanplatten, die mineralisch (z.B. zement- oder magnesit-) gebunden sind und in der Baubiologie empfohlen werden, weisen eine relativ starke Alkalität auf. Hier ist es angeraten, vor der Naturfarbenanwendung die übermäßige Alkalität abklingen zu lassen oder die Platte zu neutralisieren. Es können jedoch noch keine verläßlichen Empfehlungen gegeben werden, zumal noch baubiologischer Forschungsbedarf besteht.

MDF-Platten

MDF-Platten, im Innenausbau an Bedeutung allmählich zunehmend, können aufgrund der sehr homogenen Struktur und geschlossenen Oberfläche direkt beschichtet werden. Sie sind allerdings sehr saugfähig; vor allem bei gefrästen Profilen oder Abplattungen treten die unterschiedlich verdichteten inneren Lagen zutage. Da man es also mit Oberflächen höchst unterschiedlicher Saugfähigkeit zu tun hat, ist sehr sorgfältig und ggf. mehrmals zu grundieren (Naturharzöl-Imprägniergrund – Überstände unbedingt abnehmen). Vor allem auf die Kantenbereiche ist ganz besonderes Augenmerk zu legen. Auch bei der Zwischenbeschichtung ist große Sorgfalt aufzuwenden: Zweimalige Anwendung von Naturharz-Vorstreichfarbe (für deckende Lackierungen) oder verdünntem Naturharzöl-Klarlack bzw. Natur-Bernsteinlack (für farblose Lackierungen) können notwendig sein. Mit Trockenzeiten von jeweils etwa 48 Stunden ist bei allen Arbeitsgängen zu rechnen; ein leichter Zwischenschliff sollte jeweils ausgeführt werden. Die Endbehandlung erfolgt mit Naturharzöl-Weiß- oder -Buntlack bzw. Naturharzöl-Klarlack oder Natur-Bernsteinlack. Auch hier ist bei Bedarf mehrmals zu arbeiten. Trotz einer sehr sorgfältigen Oberflächenbehandlung lassen sich Rindenteile und ähnliche dunkle Einlagerungen in der Platte gelegentlich auf der fertigen Lackoberfläche erkennen: Diese Markierungen sind grundsätzlich nicht vermeidbar, daher ist vor der Oberflächenbehandlung das MDF-Plattenmaterial sorgfältig auszuwählen.

Pflege, Instandhaltung und Renovierung von natürlich behandelten Holzoberflächen

Gewachste Oberflächen – ob bei Möbeln oder bei Fußböden – lassen sich im Regelfall sehr leicht pflegen und erneuern. Meist handelt es sich nur um Reinigung, Nachpolieren und Wiederauffrischung der Wachsschicht.

Zur Unterhaltspflege reicht es im allgemeinen, die gewachste Fläche mit Ballentuch, Polierbürste, Polierscheibe mit Lammfellhaube, Bohnerblocker, Bohnermaschine etc. wieder aufzupolieren. Die Reinigung erfolgt wie üblich mit feuchtem Wischtuch, dabei genügt ein Schuß Pflanzenseife ins Wischwasser. Gelegentlich empfiehlt sich eine Pflege mit Bienenwachs-Pflege-Emulsion, die mit max. 1-3% (etwa 5-15 Eßlöffel auf 10 Liter Wasser) dem Wischwasser zugegeben wird. Mit trockenem Tuch oder Bohnerbesen nachpolieren. Diese Behandlung erneuert den Wachsfilm bei regelmäßiger Pflege ohne großen Aufwand. Lärchenharz-Möbelbalsam und Heißwachs können auch mit Arvengeist-Möbelpolitur gepflegt und frisch gehalten werden. Stark und hartnäckig verschmutzte Wachsoberflächen reinigt man mit Wachsbalsam-Reiniger. Je nach Bedarf (wenn die gereinigten Flächen noch äußerst matt sind und fast keinen Wachsfilm mehr besitzen) sind diese Stellen dann einmal hauchdünn mit Lärchenharz-Möbelbalsam, Bienenwachs-Streichbalsam oder Pflanzen-Hartwachsbalsam einzureiben und nach Trocknung nachzupolieren. Dieses ist lokal begrenzt und ohne erkennbare Ansätze zu benachbarten, noch intakten Flächen möglich.

Geölte und gewachste Fläche

Kleine ›Macken‹ und Verletzungen der Holzoberfläche sollten vorsichtig ausgeschliffen werden. Wenn dabei bis auf das rohe, unbehandelte Holz abgeschliffen wird, so ist dieses nach Entstauben zunächst mit Naturharzöl-Imprägniergrund, Natur-Hartöl-Imprägnierlasur, Kräuterfirnis oder Leinölfirnis (je nachdem, was als Grundierung bei der Erstbehandlung verarbeitet worden ist) zu behandeln. Der Überstand von nicht eingedrungenem Öl ist nach etwa 1/4 Stunde mit trockenem Lappen abzunehmen, hierbei besonders auf gleichmäßiges Verschlichten im Übergangsbereich zu den noch intakten Flächen achten. Nach Trocknung wird diese Teilfläche hauchdünn mit Lärchenharz-Möbelbalsam, Bienenwachs-Streichbalsam bzw. Pflanzen-Hartwachsbalsam eingerieben und poliert. Auch hier ergeben sich bei sorgfältiger Arbeit keine oder nur geringfügige, vorübergehende Ansätze zu den benachbarten intakten Flächen.

Stärkere Verschmutzung oder Abnutzung einer gewachsten Oberfläche beseitigt der Wachsbalsam-Reiniger. Gut geeignet ist auch die Reinigungs-Emulsion, bei mittlerer Verschmutzung im Verhältnis 1:5 bis 1:10 mit Wasser verdünnt (heißes Wasser verstärkt die Reinigungswirkung) und bei sehr starker, hartnäckiger Verschmutzung unverdünnt. Diese Reinigungslösung wird aufgetragen und nach kurzer Einwirkungszeit mit klarem warmem Wasser nachgespült bzw. nachgewischt. Für Fußböden eignet sich dabei folgendes Vorgehen: Nachdem die Reinigungs-Emulsion auf der Fläche verteilt ist, wird die Flüssigkeit mit einer Einscheibenbohnermaschine mit schwarzem Pad wiederaufgenommen; dabei das Pad öfter umdrehen und ggf. mehrmals auswaschen. Feuchtes Nachwischen erfolgt mit einem Putzlappen und klarem warmem Wasser. Dies reinigt die Oberfläche und befreit sie von alten Wachsresten. Nach der Trockung wird gewachst und poliert wie bei der Erstbehandlung. Achtung: Die Reinigungs-Emulsion ist leicht alkalisch (pH-Wert ca. 9), gerbsäurehaltige Hölzer sollten aufgrund der Gefahr von Verfärbungen nicht damit behandelt werden.

Geöltes Holz, das man z.B. bei Küchenarbeitsplatten oder hölzernen Haushaltsgeräten vorfinden kann, reinigt man mit einer milden Seifenlauge (Pflanzenseife in Wasser), ggf. wird der Vorgang wiederholt. Für hartnäckig verschmutzte Oberflächen (Fett, Obstsäfte, Lebensmittelreste etc.) ist die Reinigungs-Emulsion geeignet. Im Verhältnis 1:5 bis 1:10 in heißem Wasser aufgelöst (ggf. sogar unverdünnt), wird mit ihr die Fläche gründlich gesäubert und mit klarem, warmem Wasser nachgespült. Es empfiehlt sich, die gereinigten

Geölte Flächen

Flächen gelegentlich mit Kräuterfirnis oder Leinölfirnis (im Wasserbad bei 35-40 °C erwärmt) mit einem Lappen einzureiben und nachzuölen

Wasserverdünnbar geölte und gewachste Fläche

Das Wischen mit einem feuchten Tuch reicht zur Reinigung der mit Naturharzöl-Grundierung - wasserverdünnbar - und/oder Naturharzöl-Wachs - wasserverdünnbar - behandelten Flächen i.d.R. aus. Hartnäckigere Verschmutzungen können unter Zuhilfenahme von Pflanzen-Balsamverdünnung beseitigt werden. Die Nachpflege – auch das Nachwachsen bei stärker abgenutzten Flächen – erfolgt dann mit dem jeweiligen wasserverdünnbaren Produkt und einem Ballentuch: zur Umgebung gleichmäßig angleichen und anschließend polieren.

Stärker abgenutzte Flächen bearbeitet man mit 1–5%iger Pflanzenseifen-Lösung in Wasser. Als Reinigungsgerät ist ein Schwamm mit Scheuerseite oder Stahlwolle zu nehmen (Vorsicht bei gerbsäurehaltigem und Eichenholz, Verfärbungen möglich). Die Fläche wird partienweise mit der Waschlösung vorgenäßt und gründlich in Faserrichtung abgewaschen (evtl. scheuern). Anschließend muß mit viel klarem Wasser nachgewaschen werden. Man beseitigt so die beschädigte oder verschmutzte Oberflächenschicht. Mit Naturharzöl-Grundierung - wasserverdünnbar - und/oder Naturharzöl-Wachs - wasserverdünnbar - ist nachzubehandeln und zu polieren.

Lasierte bzw. klar- oder farbig lackierte Oberflächen

Lasiertes oder lackiertes Holz sollte nur mit klarem, lauwarmem Wasser gereinigt werden. Es dürfen keine Laugen (z.B. Seifenlaugen, Salmiakgeist) verwendet werden, da sie die Beschichtung angreifen. Schellacke sind nur mit angefeuchtetem Tuch vorsichtig zu säubern (Wasserempfindlichkeit). Naturharzöl-Klarlack und Natur-Bernsteinlack können zur Reinigung mit einer sehr milden, handwarmen Pflanzenseifenlösung (max. 1% Pflanzenseife) abgewischt werden. Bei Naturharzöl-Weiß- und -Buntlacken darf diese Pflanzenseifenlösung sogar nur max. 0,2%ig sein (1 Teelöffel Pflanzenseife auf 1 l Wasser).

Intakte und nicht defekte Anstriche benötigen im allgemeinen keinen Renovierungsanstrich. Stärker verschmutzte oder abgenutzte Anstriche müssen angeschliffen und erneut mit dem jeweils verwendeten Produkt übergestrichen werden. Kleine ›Macken‹ und Verletzungen der Oberfläche können bei den filmbildenden Lasuren und Lacken leider nicht ansatzlos zur Umgebung ausgebessert werden. Vorsichtiges Nachstreichen oder Nachstupfen mit einem Pinsel ist hier möglich, doch werden diese Ausbesserungen, zumindest aus unmittelbarer Nähe betrachtet, meist erkennbar sein.

Farbige Spezialbehandlungen

Farbiger Naturharzöl-Imprägniergrund, pigmentierte Natur-Hartöl-Imprägnierlasur, abgetönte Naturharzöl-Grundierung - wasserverdünnbar - oder farbige Eigenmischungen lassen sich nur mit klarem, lauwarmem Wasser reinigen. Bei allen anderen Reinigern - dies gilt leider auch für eine milde Pflanzenseifenlösung - besteht das Risiko, daß die farbige Oberflächenschicht angegriffen wird. Bei stärkeren Abnutzungen oder Verletzungen kann man versuchen, vorsichtig anzuschleifen und mit einem Pinsel und einem entsprechend eingefärbten Produkt Flickarbeit zu leisten. Ein Ansatz zur Umgebung ist fast immer zu erkennen. Manchmal kann nach vorsichtigem Schliff komplettes Überstreichen ein zufriedenstellendes Ergebnis bringen (Vorsicht vor zu großen Aufbringmengen, die zu Trocknungsverzögerung führen können).

Instandsetzung schadhafter, nicht mehr intakter Flächen

Bei einer Totalsanierung von Oberflächen infolge starker Abnutzung, umfangreicher mechanischer Verletzungen, massiver Verschmutzung, Abplatzungen etc. ist die Beschichtung komplett zu entfernen. Dies erfolgt durch mechanisches Abziehen, Abschleifen oder Abschmelzen mit einem Heißluftfön; bei nicht gerbsäurehaltigen Holzarten ist auch eine Beseitigung mit einem milden Ablauger wie z.B. verdünnter Salmiakgeistlösung (2,5-5%ig in Wasser) oder mit Alkali-Abbeizpaste möglich. Das Holz muß bis auf den rohen Untergrund abgeschliffen werden. Anschließend wird völlig neu behandelt wie in den vorherigen Abschnitten beschrieben.

Holzoberflächenbehandlung außen

Holz ist - im Gegensatz zu den Verlautbarungen interessierter Kreise aus dem Bereich der Chemieindustrie - auch bei Außenanwendung ein äußerst dauerhafter Werkstoff. Es erfordert seiner Eigenschaft entsprechende Konstruktionen und Einsatzbereiche und darf nicht überfordert werden – und es benötigt in vielen Bereichen eine wasserabweisende Oberflächenbehandlung und regelmäßige Instandhaltung, um seine Funktionstüchtigkeit über lange Zeit zu erhalten. Unter diesen Voraussetzungen ist Holz ein ungewöhnlicher Werkstoff; es gibt keinen Bau- und Werkstoff, welcher den heutigen aggressiven Umweltbedingungen besser zu widerstehen vermag. Folglich gibt es kaum eine Außenverwendung, in der Holz nicht genutzt werden kann. Außenfassaden, Balkone, Gartenmöbel, Zäune, Beeteinfassungen, Pergolen, Treppen etc. können aus Holz gefertigt werden. Die Oberflächenbehandlung mit Naturfarben trägt auf ganz besondere Weise zu einer langen Lebensdauer bei.

Besondere Beanspruchungen im Außenbereich durch Witterungseinflüsse

Vielfältige Einflüsse durch Klima, Witterung und Luftschadstoffe belasten Holzoberfläche und Anstrich. In erster Linie sind zu nennen Sonnenstrahlung (hier vor allem das UV-Licht und die Wärmeentwicklung), Wasser (Regen und Tau), Temperaturwechsel (Hitze, Frost) und Wind (Austrocknung, mechanischer Abrieb durch Sand und Staub). Zusätzlich können chemische Einflüsse wie Säuren (saurer Regen), Salze oder Rauchgase wirksam werden.

Direkte, aber auch indirekte Witterungsbelastung durch Regen, Nebel, Tau etc. sowie Erhöhung der Luftfeuchtigkeit führen zu mehr oder weniger großer und tiefreichender Auffeuchtung des Holzes. Bei genügend lange anhaltender Holzfeuchte oberhalb von 20% (meist bei unsachgemäßen Konstruktionen

Folgen der Feuchtigkeit

oder z.B. dauerndem Erdkontakt) besteht eine Gefahr durch Fäulnisbefall (s.S. 90-91). Kann Holz immer wieder abtrocknen, was in den meisten Fällen gegeben ist, besteht keine Gefahr durch holzbesiedelnde Pilze. Auffeuchtung führt aber auch zur Quellung des Holzes. Bei späterer Abtrocknung schwindet das Holz wieder. Der dauernde Wechsel von Quellen und Schwinden hat zur Folge, daß sich in der Holzoberfläche Mikrorisse bilden, die sich allmählich vergrößern. Bei Rahmenkonstruktionen können diese dauernden, alternierenden Bewegungen im äußersten Fall dazu führen, daß sich die Fugen öffnen (Abb. 18).

Rißbildung

Bei Holz, welches direkt von der Sonne beschienen wird, ist der Wechsel von feucht und trocken, von Quellen und Schwinden vor allem im Tag- und Nachtwechsel am stärksten ausgeprägt: Nächtlicher Tau (oder ggf. nächtliche Niederschläge) feuchten die Oberflächenzone stark auf. Direkte Sonnenbestrahlung am nachfolgenden Tag hat eine äußerst rasche Trocknung durch Temperaturerhöhung der Holzoberfläche zur Folge, was die Gefahr der Rißbildung noch verstärkt. Durch diese Risse kann Niederschlagwasser nun wiederum besser ins Holz eindringen, was seinerseits die Holzfeuchtigkeiten im Inneren des Holzes erhöht (es sind intensive lokale Durchfeuchtungen möglich), was schließlich wiederum die Risse vergrößert ... .

Feuchtewechsel können zu einem weiteren nachteiligen Phänomen führen. Die Brettseiten verhalten sich beim Tangentialschnitt (Fladerschnitt) unterschiedlich. Auf der rechten Seite können sich die Spätholzanteile von dem Frühholz lösen und sich aufwölben. Dadurch entstehen ebenfalls Risse in der Brettfläche, die wiederum eine spätere Anstrichschicht mechanisch zerstören.[17]

UV-Strahlung und Abwitterung

Neben den starken Schwankungen der Holzfeuchte und dem alternierenden Quellen/Schwinden tritt ein weiteres Phänomen auf: die Oberflächenverwitterung. Die sehr energiereiche UV-Strahlung des Sonnenlichts ruft im Holz eine fotochemische Abbaureaktion hervor. Auf diese Weise spaltet sich das Lignin in wasserlösliche Komponenten an der Holzoberfläche, die keine ausreichende Haftung mehr zum Untergrund haben und durch Niederschläge (auch Wind und Abrasion durch Sand und Staub) ausgewaschen werden können. Das führt schließlich nach Jahrzehnten zu einer reliefartigen Oberflächenstruktur: erhaben das härtere Spätholz, vertieft das weiche Frühholz. Man kennt den Effekt von sehr alten Feldscheunen; diese Hölzer sind auch gleichzeitig von den im Absatz vorher beschriebenen tiefen Rissen durchzogen.

Parallel dazu erfolgt eine starke Nachdunkelung des (Nadel-)Holzes, die über hellbraun und hellgrau geht und einen silbriggrauen bis silbrigschwarzen oder gar grauschwarzen Farbton annehmen kann. Ursprünglich dunkle Laubhölzer können mit dem silbrigen Farbton durchaus auch heller werden. Das, was das Holz grau macht, stellt sich bei näherer Betrachtung als eine Kolonie verschiedener Mikroorganismen dar, die infolge des gelegentlichen

Abb. 18: Mikrorisse in der V-Fuge und in der Fläche nach zu starken Feuchtebewegungen infolge unzureichenden Anstrichs

Feuchtigkeitseinflusses wachsen können und von den photochemisch bedingten Abbauprodukten der Holzoberfläche leben. Sie greifen gesundes Holz nicht an und sind für die Konstruktion unschädlich. Fehlt die witterungsbedingte Feuchtigkeit, so wachsen diese Organismen nicht, das Holz vergraut nicht. In einem solchen Fall wird es »nur« hellbraun bis – später – tief dunkelbraun infolge UV-Lichtes. Als Faustregel kann man sich merken: UV-Licht + Feuchtigkeit ergibt Vergrauung, UV-Licht allein ergibt Bräunung. Sehr ausgeprägt tritt dieser Effekt im UV-reichen Hochgebirge auf (Abb. 19); die UV-Strahlung ist hier so intensiv, daß sie gemeinsam mit dem regenschützenden Dachüberstand die Vergrauung bis auf einen schmalen Bereich (siehe ganz unten) zurückgedrängt hat. Im Flachland unserer Breiten ist der Unterschied erheblich geringer.

Vergrauung

Holzschäden selbst müssen aus den beschriebenen witterungsbedingten Phänomenen nicht unbedingt erwachsen. Doch vergrößert sich diese Gefahr für ungünstige Holzkonstruktionen. Sonst wird allenfalls eine ästhetische Einbuße zu bemängeln sein. Daher ist es grundsätzlich möglich – geeignete Konstruktion oder Holzart vorausgesetzt –, auf einen Anstrich zu verzichten und das Holz der natürlichen Verwitterung und Vergrauung auszusetzen. Die im Endstadium schöne silbergraue bis braungraue Färbung der Holzoberfläche ist allerdings in den ersten Jahren noch nicht vorhanden. In dieser Zeit sieht das Holz sehr scheckig, unschön und teilweise schmuddelig aus. Folglich können viele Zeitgenossen – vor allem im Hinblick auf das makellose und gepflegte Holz des Nachbarn und seine spitzen Bemerkungen – diese Verwitterung nicht tolerieren.

Abb.19: Äußerst starke Rotbraunfärbung an der Außenseite einer Almhütte in Kärnten auf etwa 1700 m Meereshöhe

Aufgabe wasserabweisender und witterungsbeständiger Anstriche

Wasserabweisende und witterungsbeständige Anstriche versehen im Außenbereich sehr wichtige Dienste. Sie mildern extreme Holzfeuchteschwankungen ab, reduzieren Holzfeuchtespitzen und helfen zu verhindern, daß die sich mittelfristig einstellende Holzfeuchte ein unzuträgliches Maß annimmt (vgl. Abb. 6, S. 20. So läßt sich auch Quellen und Schwinden, Rißbildung und aufgehenden Fugen entgegenwirken. Dabei ist es notwendig, daß Anstriche sehr gut wasserdampfdurchlässig (zur Ausdiffusion von eingedrungenem Wasser und Verhinderung eines Feuchtestaus), jedoch gering wasserdurchlässig sein sollen – genau diese bauphysikalisch positiven Eigenschaften besitzen die hier beschriebenen Naturfarben. Ein sorgfältiger Anstrichaufbau beeinflußt die Dauerhaftigkeit eines hölzernen Bauteils entscheidend. Dies kann sogar so weit gehen, daß auch in kritischen Bereichen mit im unbehandelten Zustand höherer Holzfeuchte das Feuchteniveau soweit gesenkt werden kann, daß die Gefahr durch Fäulnis verringert wird und gleichzeitig chemische Holzschutzmittel überflüssig gemacht werden.

Wegen des hervorragenden Eindringvermögens der Naturprodukte sind diese gegenüber konventionellen Anstrichstoffen entscheidend im Vorteil: auf diese Weise wird eine wasserabweisende Wirkung selbst im Holzuntergrund möglich – wichtig bei Rissen im Holz, durch die sonst Wasser unter den Anstrichfilm gelangen kann. Die Holzfeuchte kann auf diese Weise durch Naturfarben nachhaltig gesenkt und – sachgemäße Konstruktion und intakter Anstrich vorausgesetzt – langfristig unter dem Schwellenwert von 20% für die Entwicklung von holzzerstörenden Pilzen gehalten werden. Es wird deutlich, daß chemische Holzschutzmittel, also die Verwendung von konventionellen Imprägnierungen, Grundierungen und Holzschutzlasuren mit vorbeugenden Bioziden, nicht notwendig sind, da die von solchen Produkten bekämpften Pilze bei geringer Holzfeuchte ohnehin nicht wachsen können.

Vorteil von Naturfarben: Eindringtiefe, Wasserabweisung und...

...Vermeidung chemischer Holzschutzmittel

Doch auch Anstrichschichten unterliegen der witterungsbedingten Alterung. Ebenso wie die obersten Holzschichten vom UV-Licht angegriffen werden, werden auch Anstrichschichten zerstört – sofern UV-Licht (und auch Regen) ungehinderten Zugang haben. Dies ist z.B. bei Klarlacken und farblosen Lasuren der Fall. Sie werden bei direkter Witterungsbelastung rasch zerstört und könnten daher im äußersten Fall nur bei stark zurückgesetzten Fassadenbauteilen – z.B. unter Loggien oder unmittelbar unter ausgeprägt weiten Vordächern – und damit nur bei mittelbarem Witterungseinfluß verwendet werden. Aber auch dann muß man mit einer Versprödung infolge Sonnenscheins rechnen. Zudem wird das Holz unter diesen farblosen Anstrichen vom Licht verändert und möglicherweise in seiner Tragfähigkeit beeinträchtigt. Farbpigmente in Anstrichschichten reflektieren Licht und UV-Strahlen; je mehr davon vorhanden sind, desto witterungsgeschützter ist der Anstrich. Decklacke haben daher eine relativ lange Lebensdauer, kräftig pigmentierte Lasuren ebenfalls. Ungünstiger sind dagegen Lasuren in schwachen oder zarten Farbtönen, bei denen der helle Farbton meist durch ein Weglassen von Pigmenten (oder auch durch ein zu dünnes Streichen) erreicht wird.

Witterungsbelastung und Alterung von Anstrichfilmen

Holz und farbige Oberflächen erwärmen sich je nach Farbton bei Sonnenbestrahlung unterschiedlich stark(vgl. Tabelle 1). Über ein Jahr gemittelt liegt die Oberflächentemperatur bei einem dunklen, sonnenexponierten Holzbauteil etwa 4-6 °C über derjenigen eines hellfarbig behandelten Teils.[18] Farbton und resultierende Erwärmung wirken sich über die Holzfeuchte in den oberflächennahen Holzschichten auf die Rißbildung und den Austritt von Harzen aus. Sehr dunkle Farbtöne besitzen folglich den Nachteil, sich zu stark aufzuheizen: Das darunterliegende Holz trocknet zu schnell, Harz (bei Nadelholz) kann austreten (und seinerseits die Anstrichschicht zerstören) etc. Der Wechsel zwischen starker Aufheizung und Abkühlung schließlich ist es, der Rißbildung im Holz (insbesondere an der Grenze Früh-/Spätholz) und Fugenöffnung provoziert und zur Versprödung der Anstrichschicht beiträgt.

Erwärmung farbiger Oberflächen

Tab. 1: Oberflächentemperaturen verschiedener Holzarten und Anstriche bei Sonnenbestrahlung. (Nach Apel, Hantschke 1982 und Deutsche Gesellschaft für Holzforschung 1991a)

Farbton/Holzart		max. Oberflächentemperatur
Fichte		50,6 °C
Kiefer		52,2 °C
Sipo		57,7 °C
Meranti		60,0 °C
Decklack glänzend, weiß		38,9 °C
gelb		58,4 °C
blau		67,6 °C
grün		68,5 °C
schwarz		73,2 °C
Lasur	hellgetönt	40-60 °C
	mittelbraun bis mittelrot	50-70 °C
	dunkelbraun bis anthrazit	60-80 °C

Dunkle Anstriche verlangen besonders sorgfältige Konstruktion und Holzauswahl sowie kürzere Wartungsintervalle. Zu helle Farbtöne sollten bei Lasuren an Holzteilen mit starker Exposition aus Gründen der raschen Abwitterung vermieden werden. Am günstigsten hinsichtlich der Langlebigkeit und des dauerhaften Witterungsschutzes sind mittelgetönte Anstriche zu bewerten. Insgesamt kann man sagen, daß – vergleichbare Pigmentkonzentration und Abdeckung des Untergrundes bei Lasuren vorausgesetzt – die erdigen Farbtöne Ocker-Gelb, Persisch-Rot, Oxid-Braun und Umbra gebrannt deutliche Vorteile haben und als die witterungsbeständigsten Pigmente anzusehen sind.

Abb. 20: Die Lebensdauer von Anstrichen hängt auch vom Untergrund ab: Infolge vergrauter Holzoberfläche traten nach wenigen Wochen Abplatzungen auf.

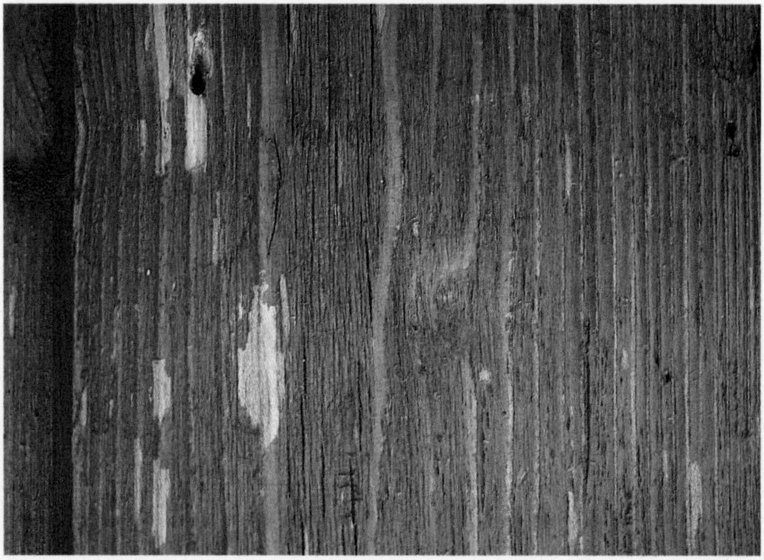

Konstruktive Anforderungen für außen verbautes Holz: Voraussetzungen für die Oberflächenbehandlung

Die zunehmende Bedeutung des Holzes als Bau- und Werkstoff darf nicht darüber hinwegtäuschen, daß gleichzeitig in vielen Bereichen der Bauplanung und -ausführung das erforderliche Fachwissen für eine werkstoffgerechte Holzverwendung und -konstruktion verlorengegangen ist. Ungeeignete Konstruktionen führen zu Durchfeuchtungen und zu hoher und langdauernder Bauteilfeuchte, was erhebliche Holzschäden nach sich ziehen kann, da das Wachstum von Organismen gefördert wird. Unzuträglich hohe Feuchtigkeit ist – immer noch – Ursache von mehr als zwei Dritteln der Schadensfälle bei Holzbauteilen im Hochbau.[19] Konstruktion und Lage des Objekts zur Bewitterung haben nicht nur Einfluß auf die Dauerhaftigkeit des Holzbauteils selbst, auch die Dauerhaftigkeit des Anstrichs und die Renovierungshäufigkeit werden beeinflußt. Daher seien die Grundzüge der guten Konstruktion zum wiederholten Mal auch hier aufgeführt, um interessierten Naturfarbenanwenderinnen und -anwendern Einblick zu geben – vor allem aber, um die ungezählten Planungs- und Baufehler der Vergangenheit aufzudecken und zukünftige zu vermeiden.

Grundsätze der guten Holzkonstruktion

Die entsprechenden Maßnahmen und Methoden, die unzuträglich lange Auffeuchtungen verhindern, sind – abhängig vor allem von den vielfältigen kreativen Fähigkeiten der Baufachleute und kundigen Heimwerker – so zahlreich, daß eine vollständige Aufzählung hier nicht im entferntesten möglich ist. Es können daher nur Prinzipien angesprochen werden.

- Bereits während des Bauzustandes ist ein Feuchteschutz zu gewährleisten. Empfindliche Bauteile, die später vor direkter Witterung geschützt liegen, sollten auch während des Einbaus rasch abgedeckt werden.
- Holz ist mit der Feuchte zu verbauen, die etwa derjenigen des Gebrauchs entspricht. Um Quellungs- oder Schwindungsschäden beim Erreichen des Gleichgewichtsfeuchtezustandes zu vermeiden, sollte sie daher ungefähr bei 13-15% liegen. Keinesfalls jedoch darf sie über 20% liegen.
- Ausreichende Dachüberstände dienen als Witterungsschutz für Holzfassaden, Balkone, hölzerne Einbauten etc.
- Außenverbretterungen und Holzverschalungen, auch in Feuchträumen wie Bad oder Dusche, sind so anzubringen, daß Wasser frei abtropfen kann (Tropfkanten bzw. Hinterschneidungen an den unteren Schmalflächen); es darf nirgendwo zu einem Feuchtestau kommen. Vertikale Schalungen sollten bevorzugt werden; hier sind Nut und Feder so auszurichten, daß der Winddruck aus der Hauptwetterrichtung kein Wasser in die Nut drücken kann. Sinngemäß gilt dies auch für abtropfendes Wasser bei horizontaler Profilbrettschalung: die Bretter dürfen nicht mit der Nut nach oben montiert werden (Abb. 21A). Stülpschalungsbretter sollten an der unteren Kante hinterschnitten werden, damit Wasser frei abtropft und nicht um die Kante herumläuft und kapillar zwischen die Bretter dringt (Abb. 21B).
- Brettverkleidungen, sowohl horizontal als auch vertikal, sollten in Holzlängsrichtung keine stumpfen, dichten Stöße ›Hirnholz auf Hirnholz‹ auf-

Abb. 21: Geeignete (A1) und ungeeignete (A2) Profilbrettschalung. Geeignete (B1) und weniger gut geeignete (B2) Stülpschalung (Quelle: Schulze 1991)

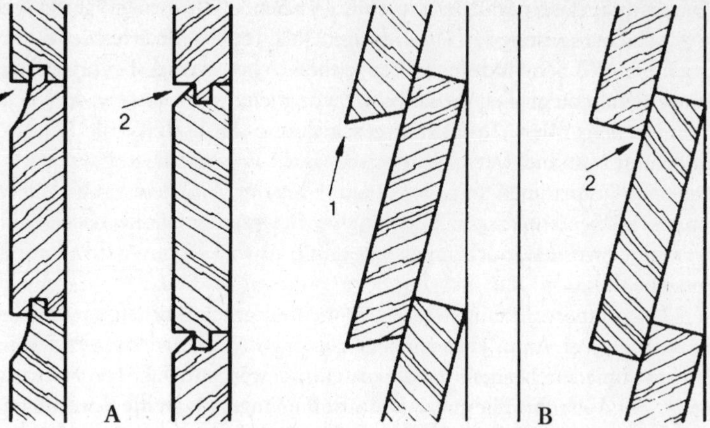

weisen. Solche Stöße führen in der Regel zu Kapillarfugen mit erhöhtem Feuchteniveau. Bewährt haben sich bewußt breit ausgebildete und betonte Fugen, die eine jederzeitige Kontrolle und Nachbehandlung des Hirnholzes ermöglichen. Dies gilt auch für Eckanschlüsse; stumpfe Gehrungen sind zu vermeiden.

• Holzfassadenschalungen, Holzständer, Pfosten etc. sollten möglichst 30cm (besser noch 40 cm) oberhalb von Erdboden, Simsen, Konsolen oder anderen Rückprallflächen für Regenwasser enden (Abb. 22). Ggf. sind Pfosten oder Ständer mittels Stahlstützen auf Sockel zu setzen oder nach unten mit einer wasserundurchlässigen Schicht zu versehen (Schutz vor Spritzwasser und aufsteigender Feuchtigkeit). Bei komplexen Häusern mit versetzten Dachebenen, bei denen Außenbekleidungen oberhalb einer Dachfläche enden, sollte der Abstand mindestens 8-10 cm betragen.

• Ortgangbekleidungen werden besonders stark beansprucht. Sie sind deshalb ungewöhnlich sorgfältig auszuführen. Besonderer Wert sollte auf die

Abb. 22: Fußpunkt einer Außenwand: 30 bzw. 40 cm Abstand zum Boden (A). B ist ungeeignet, da Feuchtezutritt möglich. (Quelle: Schulze 1991)

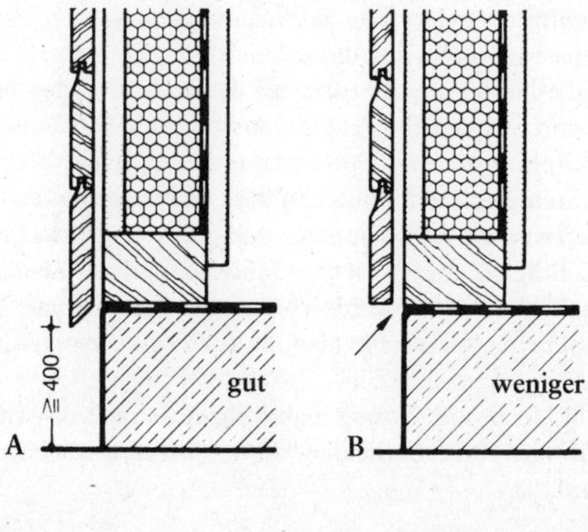

Holzqualität (faserparalleler Einschnitt, stehende Jahresringe) gelegt werden.

• Auch bei sonstigen frei bewitterten Holzbrettern mit erhöhter Gefahr der Quellung und Schwindung sollten stehende Jahresringe bevorzugt werden (sonst Gefahr zu großer Verwölbung), vor allem, wenn sie sehr dunkel gestrichen werden sollen. Tangential geschnittenes Holz (liegende Jahresringe) quillt und schwindet etwa doppelt so stark wie radial geschnittenes Holz (stehende Jahresringe). Möglichst keine dunklen Anstriche an großflächigen sonnenexponierten Fassaden, wo meist tangential geschnittene Seitenbretter verwendet werden, aufbringen (zu große Aufheizung, Austrocknung und Verziehen).

stehende Jahresringe

• Bei waagerecht eingebauten, tangential geschnittenen Brettern ist die rechte Seite (vgl. Anm. 17) nach oben zu richten. Somit wird ein Badewannen-Effekt vermieden, bei dem Wasser in der hohl werdenden linken Fläche stehen bleibt. Bei Außenbekleidungen ist sonst die Frage, ob rechte Seite außen oder innen, von untergeordneter Bedeutung. Lediglich bei Deckelschalungen empfiehlt es sich, die rechte Seite nach außen anzubringen, weil dadurch beim Austrocknen des Holzes eine bessere Fugendichtigkeit erreicht wird.

rechte Seite

• Holzverschalungen sind gut zu hinterlüften, insbesondere an kondensatgefährdeten Bauteilen. Bei senkrechter Schalung ist eine Konterlattung vorzusehen, um einen vertikalen Luftstrom zu ermöglichen. Für eine zuverlässige Hinterlüftung wird empfohlen, einen durchgehenden Hohlraum zwischen Wand und Außenverkleidung von mindestens 20 mm Dicke zu belassen. Nicht vergessen: Luftzufuhr- und -austrittsöffnungen an Fußpunkt und oberem Ende einer Wandverkleidung (Größe: etwa 2‰ der Wandfläche).

Hinterlüftung

• Innerhalb hölzerner Wandkonstruktionen sollte bei niedrigen Außentemperaturen kein Tauwasser auftreten. Wärmedämmung und/oder Dampfbremse, sinnvoll eingesetzt, können Kondenswasser innerhalb von Bauteilen vermeiden. Ggf. ist die Konstruktion zu verändern (geeignete belüftete Hohlräume vorsehen, Lüftungsquerschnitte verändern etc).

• Direkter Kontakt von Hölzern (vor allem Hirnholz) mit angrenzenden feuchtigkeitsführenden oder tauwasseranfälligen Werkstoffen wie Stein, Putz, Metalle sollte vermieden werden. Schwellenhölzer, Holzbalkenköpfe im Mauerwerk auf wasserundurchlässigen Folien oder Bitumenbahnen lagern, Balkenköpfe zusätzlich nur trocken vermauern bzw. von Luft umspült lassen. Achtung beim Fachwerkbau: Vermeidung des Wassereintritts in die Fuge zwischen Schwellenholz und Steinsockel, Sockelvorsprung nach außen abschrägen, ggf. sollte der Schwellenbalken über den Sockel hinausragen. Fachwerkbalken sollten vor der Ausfachung mit Mauerwerk mit einem wasserabweisenden ersten und zweiten Anstrich versehen werden.

feuchtigkeitsführende Baustoffe

• Es ist für eine wasserabführende Ausbildung der Holzkonstruktion, insbesondere an Tür- und Fensteranschlüssen, Sorge zu tragen. Bewittertes Holz darf zur Vermeidung stehenden Wassers keine horizontalen Flächen aufweisen. Alle entsprechenden Flächen an Gartenpfählen, Zäunen, vorstehenden Friesen an Fassadeneinbauten, Falz- und Gratleisten, Geländern, hölzernen Einfassungen etc. sind daher anzuschrägen, um das problemlose Ablaufen des Wassers zu gewährleisten. Freies Hirnholz darf grundsätzlich nicht nach oben und sollte auch zur Seite hin nicht offen sein. Zaunpfähle sind bespielsweise mit einen Brettchen abzudecken. Gartenmöbel sind bei schlechter Witterung unter Dach zu transportieren oder schräg zu stellen.

kein stehendes Wasser

• Grundsätzlich sind Konstruktionen zu wählen, die das Arbeiten des Holzes nicht behindern. Holzbewegungen sind frei zu ermöglichen (aus diesem Grunde ist beispielsweise die Feder eines Profilbrettes kürzer als die Nut). Schalungsbretter z.B. an Boden-Deckel- oder Stülpschalungen sind nicht gemeinsam zu fixieren (nageln oder schrauben); jedes Brett ist separat zu befestigen und muß sich frei bewegen können.

unbehinderte Holzbewegungen

• Bei komplexeren Holzkonstruktionen ist die Konstruktion so auszuführen, daß stark exponierte Holzteile später ggf. separat nachbehandelt oder auch ausgewechselt werden können.

• Abgerundete Kanten sorgen für einen gleichmäßigen Anstrichfilm und Feuchteschutz (Abb. 23). An scharfkantigen Kanten kann sich kein geschlossener Anstrichfilm bilden. Zudem wird der Anstrichfilm auf der Fläche, der bis auf wenige hundertstel Millimeter an die scharfe Kante heranreicht, durch über die Kante eindringendes Wasser unterlaufen, von unten abgehoben und zerstört.

Luftzufuhr

• Außenbauholz wie Gartenmöbel, Pergolen, Spielplatzgeräte oder auch Zäune sind so zu gestalten, daß möglichst alle Holzflächen von Luft umspült werden, damit die Feuchtigkeit abtransportiert wird. Alle Kontaktflächen Holz/Holz oder Holz/Metall an den konstruktiven Verbindungsstellen sind so klein wie möglich zu halten, damit hier kein oder möglichst wenig Wasser (kapillar) festgehalten werden kann.

Abb. 23: Schichtdicke in Abhängigkeit von der Kantenausbildung

Luftzufuhr

- Pfosten, Pfähle und Palisaden im Erdkontakt, die aus weniger resistenten Holzarten bestehen, sollten im Erdreich komplett mit einer Kiesschicht als Drainage versehen werden. So kann Staunässe vermieden werden, die sonst vom Erdreich direkt ins Holz überführt würde. (Abb. 24 li. u. mitte)

Sofern man auf die Holzauswahl Einfluß hat, sind geeignete Holzarten zu wählen. Buche, Birke, Ahorn, Linde und ähnlich anfällige Holzarten dürfen im Außenbereich nicht eingesetzt werden. Ebenso sind Holzwerkstoffe im Außenbereich nicht geeignet. Sind trotz baulicher Raffinessen oder bedingt durch Kompromisse in der Bauausführung eine erhöhte Feuchtebelastung und das Risiko eines Schädlingsbefalls besonders groß, bietet das Kernholz natür-

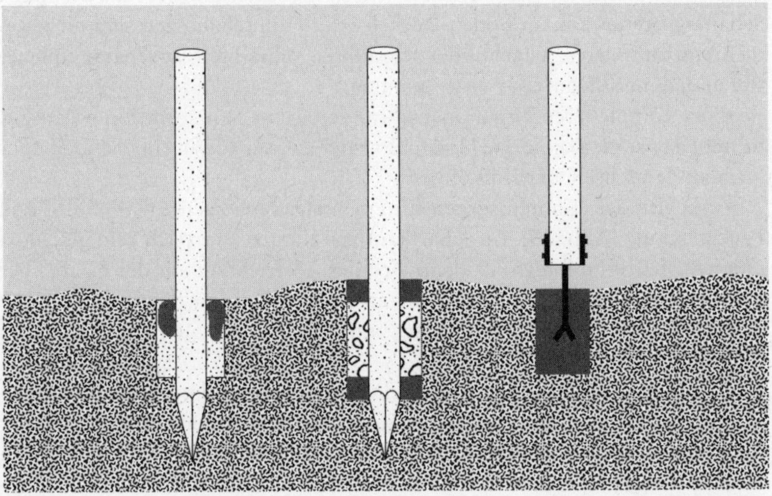

Abb. 24: Einlassen von Zaunpfosten in Erdreich. Der mittlere Pfosten (mit zwei Betonscheiben stabilisert) trägt ein schweres Tor.

lich resistenter Holzarten eine Lösung. Dies kann z.B. für hölzerne Fensterbänke, untere Rahmenteile von Balkongeländern, Schwellenhölzer, Zaunpfähle, Pfosten, Palisaden, Außentreppen, Gartendecks oder auch Stege etc. gelten.

In diesem Sinne sind Afzelia, Angelique, Bilinga, Bongossi (Azobé), Greenheart, Robinie und Teak (Resistenzklasse 1 nach DIN 68 364) selbst im permanenten Erd- und Wasserkontakt witterungsfest, dauerhaft und über mehrere Jahrzehnte auch völlig ungeschützt haltbar. Bei Hölzern mit starker Beanspruchung durch Niederschläge, Spritzwasser o.ä., jedoch ohne Erd- oder Wasserkontakt, eignen sich zusätzlich Afrormosia, Cedro, Eiche, Freijo, Iroko (Kambala), Kotibe, amerik. Mahagoni, Sipo-Mahagoni, Makore, Merbau, Ovengkol und Western Red Cedar (Thuja) – diese Hölzer zählen zu den Resistenzklassen 1 und 2 nach DIN 68 364 – sowie Bubinga, Edelkastanie, Eibe, Mansonia, Nußbaum, Palisander, Redwood[15]. Für Holzbauteile ohne direkte bzw. mit mäßiger Wetterbeanspruchung wie z.B. Holz unter Loggien, Dachüberständen etc. – sofern überhaupt gefährdet – bieten sich als für

natürlich resistente Holzarten

kritische Bereiche besonders geeignete Holzarten zusätzlich Agba, Douglasie (Oregon Pine), Keruing, Lärche, alle restlichen Mahagoni-Arten, Dark Red Meranti und Niangon – Resistenzklassen 1, 2 und 3 nach DIN 68 364 – sowie Birnbaum, Framire, Kosipo, Lauan und Zirbelkiefer an[21]. Daß dabei auf die Tropenhölzer zugunsten der einheimischen bzw. leicht verfügbaren Holzarten Birnbaum, Douglasie (Oregon Pine), Edelkastanie, Eiche, Lärche, Robinie und Zirbelkiefer verzichtet werden sollte, ist eine selbstverständliche Voraussetzung.

Im allgemeinen hingegen und bei guter Konstruktion sind die »normal« verfügbaren Nadelhölzer Fichte, Kiefer, Lärche, Douglasie (Oregon Pine) oder Hemlock im bewitterten Außenbereich vollkommen geeignet.

Im Verein mit einer sorgfältig ausgeführten wasserabweisenden Oberflächenbehandlung ist der konstruktive Holzschutz in der Lage, sowohl Holzschädlingen vorzubeugen. Ein Verzicht auf chemische Holzschutzmittel wird möglich. Selbst in Fachkreisen teilt man diese von verantwortungsvollen Naturfarbenherstellern schon seit langem vertretene Ansicht: Bei Außenbekleidungen aus Holz beispielsweise »kann ein zuverlässiger Schutz bereits durch bauliche Maßnahmen erreicht werden. ... Ein chemischer Holzschutz ist deshalb weder für die Bekleidung noch für die Unterkonstruktion erforderlich oder gar vorgeschrieben.«[22]

Prüfung der Untergründe und Vorarbeiten vor der Anwendung

Vor Beginn der Anstricharbeiten ist die Holzoberfläche auf Eignung als Anstrichträger zu überprüfen. Nicht in jedem Fall muß die Holzoberfläche blank gehobelt oder gar geschliffen sein. Auch sägerauhe Bretter eignen sich hervorragend als Fassadenschalung oder Balkonverbretterung. (Sie nehmen dank ihrer Rauhigkeit erheblich mehr vom Beschichtungsstoff auf und besitzen somit eine verbesserte Wasserabweisung an der Oberfläche.)

Oberflächlich angewittertes oder gar verwittertes Holz jedoch ist als Anstrichträger völlig ungeeignet. Die von den UV-Strahlen angegriffene oberste Holzschicht ist nicht mehr fest und tragfähig genug. Spätere Anstriche würden rasch abplatzen. Diese Holzflächen müssen bis auf die feste, nicht angewitterte Holzsubstanz abgeschliffen werden. Achtung: Bereits wenige Wochen Freibewitterung können ausreichen, diese Schäden hervorzurufen. (siehe Abb. 20 auf S. 52)

Die Holzfeuchte muß unter 20% liegen. Auch lokal begrenzte Feuchtstellen (durch Augenschein meist erkennbar, weil dunkel abgesetzt) sind unzulässig; widrigenfalls sind Anstrichfehler vorprogrammiert (das Eindringen des Naturharzöl-Produktes in den zu feuchten Untergrund wird behindert mit der Folge späterer Haftungsstörungen).

Verschmutzungen

Baubedingte Verschmutzungen durch Putz- oder andere Bauarbeiten erfordern eine gründliche Säuberung vor Anstrichausführung. Bei der Verwendung von Silikonen als Dichtstoff und Fugendichtungsmasse ist unbedingt darauf zu achten, daß das umliegende Holz nicht durch Silikonreste verschmutzt wird; darauf haftet kein Anstrich mehr. Auch Fett-,Wachsschichten bzw. aus oberflächlichen Harzgallen ausgelaufenes Harz führen zu Anstrichstörungen und müssen entfernt werden.

Das Holz muß gesund sein, d.h. frei von holzzerstörenden Pilzen und Insekten. Bläuebefall der Oberfläche, anhand der Verfärbungen optisch gut zu erkennen, sollte nicht oder nur dann toleriert werden, wenn das Holz nicht direkt bewittert wird und feuchtegeschützt eingebaut ist. Sonst besteht große Gefahr, daß Bläuepilze auch bei kurzfristiger Auffeuchtung weiterwachsen um schließlich – gewissermaßen schubweise wachsend – den Anstrich zu zerstören. Holzfäulnis läßt sich in der Regel leicht feststellen. Befallenes Holz bricht ein und wird rissig, oft ist sogenannter Würfelbruch erkennbar, ggf. sichtbare Fruchtkörper. Bei Verdacht auf Holzfäulnis unter intakter Oberfläche (z.B. Lenzitesfäule an Gartenmöbeln) genügt die Prüfung der Festigkeit mit einem harten Gegenstand (z.B. hineinstechen mit einem Taschenmesser). Befallenes Holz ist restlos zu entfernen.

Befall durch Organismen

Ausgedübelte Äste, Harzgallen oder sonstige Verletzungen im Holz können toleriert werden, sofern es sich nicht um mehrere Dübel nebeneinander handelt. Bei lasierten Bauteilen sind nur einzelne Dübel zulässig, bei deckenden Lackierungen dürfen Kettendübel von zwei Dübeln angewendet werden.

Dübel

Harzgallen sind vor allem an sonnenbeschienenem Holz ungünstig. Harz verflüssigt sich bei Temperaturerhöhung und läuft aus, was sich auf den Anstrich sehr ungünstig auswirken kann. Ggf. sind Harzgallen auszubrennen oder abzuschmelzen; sonst ist gegen sie »kein Kraut gewachsen« (das Absperren mit Lacken ist unwirksam). Generell kann bei harzreichem Holz (s.S. 94) ein späterer Harzaustritt nicht verhindert werden, zumal, befördert durch die starke Aufheizung im Sonnenschein, aus dem Untergrund ein kontinuierlicher Harznachschub besteht. Sonstige inhaltsstoffreiche Holzarten sollten vor der Oberflächenbehandlung mit Pflanzen-Alkoholverdünnung ausgewaschen werden, um Problemen wie Anstrichverfärbung, Trocknungsverzögerungen, Störungen der Untergrundhaftung etc. vorzubeugen.

Harzgallen

inhaltsstoffreiche Holzarten

Grundsätzlich sind bei ungeeigneten Holzkonstruktionen aber auch bei schlechter Holzauswahl und Holzqualität unbedingt Bedenken anzumelden; frühe Anstrichschäden mit vorzeitigem Versagen der Oberflächenbehandlung sind zu erwarten.

Manchmal ist das Holz nicht mehr unbehandelt, sondern bereits im Werk vorbeugend mit Holzschutzsalzen geschützt. Hierauf sollte ein baubiologisch bewußter Mensch verzichten. Doch manchmal entzieht sich diese Frage der persönlichen Entscheidungsmöglichkeit, weil dieses Holz bereits vorhanden ist oder mangels Alternativangebotes. Besonders bei Holz im Erdkontakt wie Palisaden, Gartendecks und -terrassen, Gartenbänken etc. ist mit Holzschutzsalzen kesseldruckimprägniertes Holz zu erwarten. Dies ist, sofern es überhaupt angestrichen werden soll oder kann, ebenso zu bewerten wie unbehandeltes Holz: Man kann hierauf ohne weiteres mit Naturprodukten weiterarbeiten, da es keine grundsätzlichen Unverträglichkeiten gibt.

kesseldruckimprägniertes Holz

Anstrichausführung

Lasierte Oberflächen

Je nach Farbtonwunsch kann man aus zahlreichen verschiedenen fertig pigmentierten Naturharzöl-Lasuren wählen. Manche Naturfarbenhersteller bieten auch farblose Naturharzöl-Lasuren an, denen dann spezielle Abtönfarben für Naturharzöle zugesetzt werden können. So lassen sich individuelle Farbtöne ermischen. Aus Witterungsschutzgründen empfiehlt es sich, gewisse Mindestmengen an öligem Pigmentpastenkonzentrat nicht zu unterschreiten. Als Anhaltswert kann gelten: Die kräftigen Farbtöne Persisch-Rot und Oxid-Braun sollten nicht unter 6-8% Zusatzmenge pigmentiert, die mittleren Farbtöne Ocker-Gelb, Englisch-Rot, Umbra-gebrannt und Erd-Schwarz sollten mit rund 10-12% und die relativ zarten bzw. hellen Farbtöne Umbra-Natur, Chromoxid-Grün, Ultramarin-Blau und Mineral-Weiß mit ca. 15% zugesetzt werden. Als Obergrenze dürfen 20% jedoch nicht überschritten werden, um der Gefahr wochenlanger Trocknungsverzögerungen vorzubeugen. Die Auswahl des Farbtons steht grundsätzlich frei; die Beachtung gewisser Regeln garantiert jedoch für Holzbauteile optimalen Schutz (s.S. 51-53).

Das Holz wird zunächst mit Naturharzöl-Imprägniergrund »naß in naß« eingelassen (Streichen oder auch – z.B. bei einer größeren Menge an Schalungsbrettern – Tauchen), um die unterschiedliche Saugfähigkeit auszugleichen, die Untergrundhaftung des Gesamtanstrichs zu gewährleisten und einen gleichmäßigen Lasurfilm zu ermöglichen. Der bei wenig saugfähigen Hölzern oder Holzteilflächen nicht eingedrungene Imprägniergrund ist spätestens 15 Minuten nach der Verarbeitung mit einem Lappen oder trokkenen Pinsel abzunehmen. Dies vermeidet ungleichmäßige Glanzstellen auf dem Holz und Klebrigkeiten. Nach 24stündiger Trocknung ist ein Zwischenschliff notwendig (Körnung 180-220), um winzige Holzfasern zu brechen, die sich nach dem Grundieren aufstellen können und zu einer ungleichmäßigen Lasurschicht führen. (Abb. 25)

Die erste Zwischenbehandlung auf dem geschliffenen Holz wird mit pigmentierter Naturharzöl-Lasur ausgeführt. Die Verarbeitung erfolgt am besten mit dem Pinsel. Wer die Lasur spritzen will, muß unbedingt Vorversuche machen, um ein Gefühl für das Verhältnis von Arbeitsgeschwindigkeit und Aufbringmenge zu bekommen und um Problemen vorzubeugen. Bei der Spritzverarbeitung muß sehr zügig gearbeitet, um zu hohe Aufbringmengen und hartnäckige, Tage bis Wochen dauernde Klebrigkeiten zu vermeiden. Es ist unbedingt auf die Einhaltung der Verbrauchsmenge zu achten. Nach 24 Stunden Trockenzeit und leichtem Zwischenschliff (Körnung 220-240) erfolgt die zweite Zwischenbehandlung mit pigmentierter Naturharzöl-Lasur. Weitere 24 Stunden später schließen leichter Zwischenschliff und die Schlußbehandlung mit pigmentierter Lasur die Anstricharbeiten ab.

Es werden eine ganze Reihe an Decklackfarbtönen angeboten, die zudem in jedem Verhältnis untereinander gemischt werden können. So steht schließlich eine große Zahl von Farbtönen zur Verfügung.

Abb. 25: Verarbeitung farbiger Naturharzöl-Lasuren: Grundierung, Überstand abnehmen, Zwischenschliff und Entstaubung, Abmischen mit Abtönfarbe für Naturharzöle, mehrmaliges Streichen mit Lasur

Der erste Arbeitsgang ist wie beim Lasieren die Applikation von Naturharzöl-Imprägniergrund »naß in naß« durch Streichen oder Tauchen. Sehr wichtig ist es – und deshalb an dieser Stelle erneut der Hinweis –, den nicht eingedrungenen Imprägniergrund spätestens 15 Minuten nach der Verarbeitung mit einem Lappen oder trockenen Pinsel abzunehmen. Widrigenfalls ist schließlich mit Klebrigkeiten und Trocknungsverzögerungen bei der gesamten Lackschicht zu rechnen. Der 24stündigen Trocknung folgt ein Zwischenschliff (Körnung 180-220). Gerade bei Lackflächen kommt den sauberen Schleifarbeiten besondere Bedeutung zu.

Lackierte Oberflächen

Kleinere Schadstellen im Holz können mit Naturharz-Lackspachtel ausgespachtelt werden (Fleckspachteln). Flächiges Spachteln ist auf Außenbauteilen aus Holz nicht möglich, da diese Stellen Ursache für Beschichtungsschäden sein können. Das Fleckspachteln ist auch nur ausnahmsweise zulässig. Nach 24 Stunden Trocknung ist gründlich zu schleifen (Körnung 150-180) und zu entstauben.

Für den ersten Zwischenanstrich wird Naturharz-Vorstreichfarbe durch Streichen, Rollen oder Spritzen aufgebracht. Beim Spritzen (nach Angaben des Geräteherstellers) ist unbedingt auf zügiges Arbeiten und Einhaltung der Aufbringmenge zu achten. Eine Überschreitung der vorgesehenen Verbrauchsmenge führt zu hartnäckigen, wochenlangen Trocknungsverzögerungen; ggf. kann die fertige Lackschicht, wenn trotzdem weiterlackiert wird, mit dem Finger auf dem Holz hin und her geschoben werden bzw. vom Holz abreißen. Die normale Trockenzeit beträgt 36 Stunden, dann kann der Zwischenschliff (Körnung 220) erfolgen.

Zweite Zwischenbehandlung und Schlußbehandlung mit Naturharzöl-

Weißlack glänzend oder Naturharzöl-Buntlacken durch Streichen, Rollen oder Spritzen (entsprechend den Angaben des Geräteherstellers) schließen sich an. Die Trockenzeit nach jedem Arbeitsgang richtet sich nach den Klimabedingungen und kann 24-48 Stunden betragen. Für eine glatte Oberfläche ist auch hier ein Zwischenschliff erforderlich. Wichtig auch hier: angegebene Aufbringmengen unbedingt einhalten, nicht zu dick auftragen, um Trocknungsverzögerungen vorzubeugen.

Oberflächenbehandlung von Holzfassaden

Für hölzerne Außenbekleidungen aus Profilhölzern und ähnlichen Schalungsbrettern eignet sich zweckmäßigerweise die lasierte Oberflächenbehandlung. Sie ist im Vergleich zur Decklackierung mit weniger Aufwand zu erreichen. Sie hat zwar infolge der geringeren Filmstärken ein etwas kürzeres Wartungsintervall, doch ist die Instandhaltung in der Regel problemlos durch einfaches Überstreichen möglich. Auch das Verhalten bei Instandsetzung ist meist günstiger, da Lasuranstriche abwittern, ohne abzublättern.

Die Grundbehandlung mit Naturharzöl-Imprägniergrund sollte allseitig erfolgen, um auch die Rückseite zu schützen (ggf. Tauwasseranfall auf der rückwärtigen Brettoberfläche oder durch Winddruck eindringendes Regenwasser). Es wird empfohlen, die Sichtfläche der Bretter vor der Montage mit dem ersten Lasuranstrich zu versehen. Nur so kann ein gleichmäßiges Erscheinungsbild gewährleistet und ein Abzeichnen heller, nicht farbig gestrichener Streifen beim Schwund z.B. von Nut- und Federbrettern oder Boden-Deckelschalungen vermieden werden. Ein zweiter Lasuranstrich erfolgt nach dem Einbau des Holzes. Auf den dritten Lasuranstrich kann verzichtet werden.

Blockhauswände sind ebenso zu behandeln wie bei den hölzernen Außenbekleidungen beschrieben: Naturharzöl-Imprägniergrund und zweimal Naturharzöl-Lasur farbig. Auch Fachwerkbalken bzw. sichtbares Holzständerwerk zählen zur Holzfassade. Daher empfiehlt sich auch hier die Lasurbehandlung: Grundieren mit Naturharzöl-Imprägniergrund, zweimal Naturharzöl-Lasur farbig. Bei Fachwerk ist eine Besonderheit zu berücksichtigen: Im Grenzbereich Ausfachung/Fachwerkbalken läßt sich eine Kapillarfuge nicht vermeiden (welche nicht mit dauerelastischen Fugendichtungsmassen geschlossen werden darf, um Feuchtigkeit nicht einzusperren). Daher läßt sich auch eindringendes Wasser nicht verhindern. Um dem Wasser den Zutritt zum Holz zu erschweren, sollten die Seitenflächen der Holzbalken mit Naturharzöl-Imprägniergrund grundiert und mit Naturharzöl-Lasur zwischenbehandelt werden. Erst dann ist die Ausfachung vorzunehmen und das Fachwerk fertig zu streichen.

Holzschindeln brauchen nicht behandelt zu werden. Langjährige Erfahrungen zeigen, daß gut konstruierte Holzschindelfassaden bei guter Holzauswahl keine Oberflächenbehandlung benötigen. Sie sollten, wie es seit Jahrhunderten üblich ist, natürlich verwittern und vergrauen. Wer Schindeln unbedingt farbig gestalten will, kann selbstverständlich mit Naturharzöl-Imprägniergrund und zweimaligem pigmentiertem Lasuranstrich arbeiten – jedoch immer im Bewußtsein, daß eine Instandhaltung des Anstrichs auf den kleinteiligen Schindeln mit einem immensen Arbeitsaufwand verbunden ist.

Decklackierungen sollten bei Außenfassaden unterbleiben. Wer sie trotzdem mag, muß den kompletten Anstrichaufbau einhalten und sorgfältig ausführen.

Grundsätzlich gilt für alle hier beschriebenen Anwendungsfälle: Die Holzbauteile sollten erst witterungsexponiert werden, nachdem bei Lasuranstrichen die erste Schicht Naturharzöl-Lasur farbig und bei Decklacken die erste Schicht Naturharzöl-Weiß- oder -Buntlack aufgebracht wurde. Bis zur Ausführung des Schlußanstrichs darf zudem höchstens ein halbes Jahr vergehen. Besser jedoch ist die umgehende Endbehandlung – die für Holzschindeln, sofern sie überhaupt gestrichen werden sollen, übrigens vorgeschrieben ist.

Oberflächenbehandlung von Holz ohne Erdkontakt (Geländer, Holzbalkone, Zäune, Pergolen, Rankgerüste, Brettschichtträger etc.)

Hölzerne Balkone, Geländer, Pergolen, Zäune, Rankgerüste, Brettschichtträger etc. sind erheblich stärker witterungsexponiert als Außenbekleidungen. Hier ist der Anstrichaufbau mit besonderer Sorgfalt auszuführen. Bei manchen Holzbauteilen wie Pergolen und Rankgerüsten ist zu überlegen, ob sie überhaupt eines Anstrichs bedürfen. Für gewöhnlich sind sie luftig verbaut und unterliegen – konstruktiver Holzschutz vorausgesetzt – keiner Gefahr durch Holzzerstörung; außerdem ist eine regelmäßige Nachbehandlung und Instandsetzung des Anstrichs oft nicht möglich oder nicht sinnvoll.

Pergolen, Zäune etc. können ebenso wie großdimensionierte Holzbalken und Träger aus Brettschichtholz als tragende Holzbauteile im Werk oft eine Holzschutzvorbehandlung erhalten haben. Holzschutzsalze und ölige Holzschutzgrundierungen beeinträchtigen die nachfolgende Oberflächenbehandlung mit Naturharzöl-Produkten nicht. Wasserverdünnbare Grundierungen auf Acrylat-Basis sind hingegen schlecht zu überstreichen; es kann zu nachfolgenden Anstrichschäden und Problemen mit der Untergrundhaftung kommen.

Wie bei Holzfassaden ist auch hier der Lasuranstrich dem Decklack vorzuziehen. Neben dem geringeren Aufwand für Erstanstrich und Instandsetzung spricht zudem die dünnere Schicht und damit größere Elastizität des Anstrichfilms für die Naturharzöl-Lasuren. Die Elastizität ist hier ganz besonders zu berücksichtigen, denn die hier erwähnten Holzbauteile unterliegen größeren Holzfeuchteschwankungen und demnach größeren Dimensionsänderungen – die der Anstrich mitmachen muß. Naturfarbenfans, die sich gleichwohl auf die Decklackbeschichtung einlassen, müssen sie sehr sorgfältig ausführen.

Auch beim Lasuranstrich sind die Anstrichempfehlungen ganz besonders zu beachten. Nach der Grundierung mit Naturharzöl-Imprägniergrund ist ein dreimaliger Anstrich mit pigmentierter Lasur auszuführen. Wegen der relativ starken Witterungsexposition ist unbedingt zu den kräftig pigmentierten Lasuren zu raten, auf die hellen, schwach pigmentierten Lasuren sollte verzichtet werden.

Oberflächenbehandlung von Gartenmöbeln

Gleiche Gesichtspunkte wie bei den soeben beschriebenen Hölzern ohne Erdkontakt gelten grundsätzlich auch für Gartenmöbel. Auch sie können ebenso wie z.B. Pergolen unbehandelt bleiben, vor allem wenn sie aus resistenten Holzarten bestehen oder ab Werk kesseldruckimprägniert geliefert werden.

Häufig jedoch wird aus ästhetischen Gründen ein Anstrich gewünscht. Auch einheimische Nadelhölzer wie Fichte und Kiefer, aus denen preiswerte Gartenmöbel oft gefertigt werden, benötigenen einen Anstrich. Diese muß wegen der besonderen Beanspruchung durch mechanischen Abrieb sowie durch Witterung und stehendes Wasser (auf horizontalen Sitz- und Tischflächen) ganz besonders sorgsam ausgeführt werden. Naturharzöl-Imprägniergrund und anschließend pigmentierte Naturharzöl-Lasur, dreimal angewendet, sind zu empfehlen; auch Decklacke eignen sich. Zarte, helle Lasurfarbtöne sind wegen der großen Witterungsbelastung zu vermeiden.

Hinweis: Gartenmöbel sollten in Phasen schlechter Witterung unter Dach gelagert oder zumindest schräg gestellt werden, damit Wasser ablaufen kann. Daß sie in Spätherbst und Winter nicht im Freien verbleiben, versteht sich von selbst. Diese Zeit kann genutzt werden für einen der regelmäßigen Instandhaltungsanstriche.

Sonstiges Holz im Außenbereich, auch mit Erdkontakt

Wegen der unerhört vielseitigen Verwendungs- und Gestaltungsmöglichkeit ist Holz auch im Außenbau oft anzutreffen. Terrassenböden, Gartendecks, Beeteinfassungen, Pflanzkübel, Zaunpfähle, Holztreppen, Palisaden, Sandkästen, Spielplatzgeräte und sonstiges Holz unterliegt, da oft in ständigem Erdkontakt und somit unter permanenter Feuchtezufuhr, der stärksten Beanspruchung und ggf. Gefährdung durch holzzerstörende Pilze. Ein dekorativer Oberflächenanstrich kann diese Gefahr bei unmittelbarem Erdkontakt nicht mehr mindern.

Daher empfiehlt es sich, auf eine Oberflächenbehandlung ganz zu verzichten, zumal dekorative Anstriche für einen Oberflächenschutz oft überfordert sind und sehr rasch abwittern. Bei Treppen, Terrassenböden, Gartendecks, Spielplatzgeräten und Sandkästen kommt der intensive mechanische Abrieb durch die permanente Benutzung (meist noch verstärkt durch die Schmirgelwirkung von Sand o.ä.) dazu. Hier dürfen Naturharzöl-Anstriche – wie auch alle anderen konventionellen dekorativen Anstriche – nicht angewendet werden; sie würden sich binnen weniger Wochen abnutzen. Diese Hölzer sollte man der natürlichen Verwitterung überlassen; sie sollten in Ermangelung einer Alternative also natürlich vergrauen dürfen.

Bauteile im Erdkontakt mit statischer oder gartenbaulicher Funktion wie

Zaunpfähle, Pfosten, Palisaden, Außentreppen, Gartendecks oder auch Stege (z.B. über einen Teich) müssen zur Vermeidung von frühen Fäulnisschäden aus resistenten Holzarten bestehen oder eine chemische Holzschutzimprägnierung per Kesseldruck aufweisen. Gesundheits- und Umweltschutzgründe sprechen allerdings in diesem Fall unbedingt für einheimische resistente Holzarten (s.S. 57-58).

Weniger wichtige Hölzer wie Beeteinfassungen, Sandkästen, Kompostgestelle etc. sollten aus einheimischen Nadelhölzern bestehen – wenn sie auch nicht widerstandsfähig gegen das Verfaulen sind. Es ist ökologisch sinnvoller, diese Holzbauteile rund alle fünf Jahre auszutauschen (zumal im Mitteleuropa eine nachhaltige Waldwirtschaft betrieben wird), als chemische Holzschutzmittel zur Lebensverlängerung einzusetzen.

Pflege, Instandhaltung und Instandsetzung von Außenanstrichen

Lasiertes und lackiertes Holz sollte man nur mit klarem, lauwarmem Wasser reinigen. Laugen (z.B. starke Seifenlaugen, Salmiakgeist) sind ungeeignet, da sie die Anstrichschicht angreifen. Naturharzöl-Weiß- und -Buntlacke können zur Reinigung allenfalls mit einer sehr milden, handwarmen Lösung von Pflanzenseife in Wasser (max. 0,2% Pflanzenseife, entspricht 1 Teel. Pflanzenseife auf 1 l Wasser) abgewischt werden.

Die lasierende Oberflächenbehandlung und der Decklack können nur so gut sein, wie es Holzqualität und Konstruktion zulassen. Von Anstrichen kann man keine Wunderdinge und damit unbegrenzte Haltbarkeit erwarten – vor allem dann nicht, wenn nachlässig und unsachgemäß gearbeitet worden ist. Jede Außenfläche altert, sei es nun eine Kunststoffbank, eine Holzfassade oder ein Anstrich. Daher sind in gewissen Intervallen Unterhaltungs- und Pflegemaßnahmen für die Oberflächenbehandlung vorzunehmen: die sogenannten Instandhaltungsarbeiten. Die Intervalle können von etwa 3-6 Jahren bei mittelgetönten und ausreichend pigmentierten Lasuranstrichen bis zu rund 4-8 Jahren bei Decklackierungen reichen, abhängig von der Witterungsexposition des Anstrichs. Extrem stark exponierte Bauteile wie lasierend behandelte vorkragende Geländer an Südbalkonen – dort vor allem der Handlauf – sind in der Regel bereits nach 2 Jahren zu überarbeiten[23], während z.B. kräftig getönte und pigmentierte Fensterlasuren oder deckend lackierte, in eine Laibung angeschlagene Fenster an Nordfassaden mit einem schützenden Vordach erst nach etwa 5-8 Jahren zu überarbeiten sind. Als Faustregel kann gelten: Anstriche auf waagerechten Flächen besitzen nur etwa die Hälfte der Lebensdauer von Anstrichen auf senkrechten Flächen.

Instandhaltungsintervalle

Auch bei dieser Gelegenheit sei noch einmal bemerkt: Die genannten Instandhaltungsintervalle betreffen keineswegs allein Naturfarbenprodukte, sondern sind in gleicher Weise auch für konventionelle Anstrichstoffe auf Kunstharzbasis gültig. Detaillierte vergleichende Freibewitterungsversuche zwischen guten Naturfarben und Chemiefarben haben gezeigt, daß erstere – materialgerechte Verarbeitung vorausgesetzt – in ihrer Haltbarkeit den letzteren praktisch nicht nachstehen.(Vgl. auch Abb. 27, S.69)

Instandsetzungsarbeiten

Instandsetzungsarbeiten sind immer dann vorzunehmen, wenn Anstrichschäden aufgetaucht sind, sei es durch Verletzung oder erhebliche Abwitterung. Sie lassen sich also durch regelmäßige Instandhaltung und Anstrichpflege vermeiden – oder andersherum ausgedrückt: Sie sind Folge unterlassener Pflege. In der Regel erfordern Instandsetzungsarbeiten umfangreiche Maßnahmen, die meist mit der kompletten Neubehandlung der Oberfläche verbunden sind.

Nur ein intakter Anstrich kann die Funktionssicherheit eines Bauteils gewähren. Regelmäßig ist daher eine kritische Inaugenscheinnahme notwendig. Mit der richtigen Ausführung ggf. notwendiger Sanierungsarbeiten kann erst begonnen werden, wenn im Rahmen einer Bestandsaufnahme der Ist-Zustand des zu überarbeitenden Bauteils festgehalten ist. In diesem Zusammenhang ist genau zu überprüfen, ob die alte Naturharzöl-Lasur oder der Naturharzöl-Decklack Mängel aufweist. Vor allem auf folgende Merkmale ist besonderes Augenmerk zu legen:

Überprüfung des Altanstrichs

- Versprödungen des Anstrichs bei äußerlich noch intakter Schicht[24];
- Risse im Anstrich;
- Abplatzungen an Kanten oder auf der Fläche;
- Harzfluß;
- Abwitterungen und Filmabbau der Anstrichschicht;
- vergraute Holzstellen;
- zu hohe Holzfeuchte und ggf. Fäulnisschäden;
- Konstruktionsmängel
- Befestigung und Regendichtigkeit bei Verbretterungen.

einfache Überholungsanstriche

Die Instandhaltung mit ihren einfachen Überholungsanstrichen sollte bereits dann durchgeführt werden, wenn noch keine Mängel zu erkennen sind. Die Überarbeitung noch intakter Naturharzöl-Anstriche kann nur mit der gleichen Produktart erfolgen: Naturharzöl-Lasuren können nur mit Naturharzöl-Lasuren überarbeitet werden, Naturharzöl-Decklacke nur mit Naturharzöl-Decklacken. Nachdem die Oberfläche gründlich gereinigt und leicht angeschliffen (Körnung 220) ist, wird die Fläche gleichmäßig mit pigmentierter Naturharzöl-Lasur bzw. Naturharzöl-Weiß- oder -Buntlack gestrichen. Bei Lasuren ist nach 24stündiger Trocknung und leichtem Zwischenschliff (Körnung 220-240) ein zweiter Arbeitsgang mit pigmentierter Naturharzöl-Lasur notwendig. Bei Decklacken kann, abhängig vom Zustand des Altanstrichs und der Überdeckung durch den ersten Arbeitsgang, ggf. auf den zweiten Arbeitsgang verzichtet werden.

mangelhafte Altanstriche

Mangelhafte Altanstriche sind zu beseitigen. Auch konventionelle Kunstharzanstriche sollte man sicherheitshalber entfernen und eine komplette Neubehandlung vorsehen, da es u.U. zu Unverträglichkeiten mit Naturharzöl-Produkten und infolgedessen zu frühzeitigen Anstrichschäden kommen kann.[25] Als geeignete Methoden bieten sich Ablaugen sowie Abbeizen

(Salmiakgeist oder Alkali-Abbeizpaste), Abschmelzen (Heißluftfön) oder auch Abziehen (Ziehklinge) oder Abschleifen an. Abschmelzen mit Heißluftfön hat sich als eine recht günstige Maßnahme erwiesen. Nach Ablaugen bzw. Abbeizen muß gründlich mit warmem Wasser nachgewaschen werden, um Alkalireste im Holz zu beseitigen. Evtl. vorhandene Untergrundmängel wie Harzfluß, Fäulnisschäden, zu hohe Holzfeuchte oder Konstruktionsmängel sind gründlich zu beseitigen, vergraute Holzflächen bis auf das rohe, intakte Holz abzuschleifen. Grundsätzlich sind alle zu renovierenden Flächen sauber abzuschleifen, erst dann kann der Neuanstrich ausgeführt werden. Der Einsatz von Spritzgeräten zur Instandsetzung ist dabei nicht immer sinnvoll.

Oberflächenbehandlung von Holzfenstern und hölzernen Außentüren

Fenster und Außentüren als bauphysikalisch besonderes Außenbauteil

Vordergründige wirtschaftliche Gesichtspunkte und vermeintlich bessere Materialien wie Kunststoff und Aluminium hatten, oft unterstützt von einer sehr nachlässigen und nicht werkstoffgerechten Konstruktion von Holzfenstern, in den 60er und 70er Jahren eine deutliche Abnahme des Werkstoffs Holz unter den Fenstern und Fenstertüren zur Folge. In jüngerer Zeit ist jedoch mit steigendem Umweltbewußtsein und mit qualitativ hochwertigen Konstruktionen (und entsprechend langer Lebensdauer) die Wertschätzung des Holzes auch als Fensterbaumaterial wieder deutlich gestiegen. (Siehe Abb. 28, S.70)

Fenstern und Fenstertüren ist ein eigenes Kapitel gewidmet, da sie ebenso wie Klappläden und Wintergärten eine besondere Stellung unter den Holzbauteilen für außen einnehmen. Sie sind sogenannte ›maßhaltige‹ Holzbauteile. Dies bedeutet, daß ihre Dimensionsänderungen durch Quellen oder Schwinden sowie die Verformung der gesamten Konstruktion möglichst gering bleiben müssen, um die Funktionssicherheit, Dichtigkeit und letztlich auch die Lebensdauer nicht zu beeinträchtigen. Anders als z.B. eine Fassadenschalung, welche frei quellen und schwinden kann, werden Fenster, Fenstertüren etc. daher besonders sorgfältig und als Rahmenkonstruktion ausgebildet und verleimt.

Grundsätzlich gelten für die Witterungsbeanspruchung die gleichen Grundsätze wie allgemein für Holz im Außenbereich. Für nähere Angaben zu verschiedenen Arten der Witterungsbelastung, zum Einfluß von Feuchteschwankungen und Dimensionsänderungen auf das Holz, zum oberflächlichen Abbau durch UV-Strahlen, zur Aufheizung von Oberflächen, zu Rißbildung etc. siehe daher S. 47 ff..

Vor allem bei Fenstern hat die Beschichtung die Aufgabe, das Holz vor unzuträglicher Auffeuchtung zu bewahren. Anders als bei den meisten Hölzern im Außenbau ist das Fenster nicht allseitig von Luft umspült. Hier ist nur eine einzige Seite der Außenluft zugewandt; nur über diese eine Seite können daher Auffeuchtungen wieder abgegeben werden. Die Innenseite trägt zur Abtrocknung relativ wenig bei, da von dort kein dauernder Frischluftstrom zugeführt wird; im Gegenteil, von innen tritt oft noch Wasserdampf ins Holz ein infolge des Dampfdruckgefälles zwischen innen und außen (Näheres siehe im übernächsten Absatz). Das Fenster unterliegt also einer viel größeren Gefahr des Feuchtestaus. Entsprechend wichtig ist der Anstrich. Abb. 26 zeigt das Feuchteverhalten von Holzfenstern bei Beregnung: Erst ein Anstrichaufbau mit filmbildender Lasur (B) oder ein Decklack (C) sind in der Lage, die Feuchte unter 20% zu halten und die Dimensionsstabilität zu sichern, während die Holzfeuchte in den beiden anderen Fällen (O: unbehandelt, A: Imprägnierlasur) sogar weit über diejenige von unbehandelten Fassadenbrettern (vgl. Abb. 6, S. 20) hinausgeht.

Beim Fenster besonders wichtig: wasserabweisende Anstriche

Die Aufgabe, wasserabweisende Anstriche zu liefern und das Holzfeuchteniveau zu senken, kann ganz besonders von Naturprodukten erfüllt werden. Diese sind wegen ihres hervorragenden Eindringvermögens gegenüber konventionellen Anstrichstoffen entscheidend im Vorteil. Durch tiefes Eindringen von Naturharzöl-Imprägniergrund wird eine wasserabweisende Wirkung selbst im Holzuntergrund möglich – wichtig bei Holzrissen, durch die sonst Wasser ins Holz und unter den Anstrichfilm gelangen kann. Das Feuchteniveau des Holzes kann somit durch Naturfarben nachhaltig gesenkt und bei sachgerechter Konstruktion und intaktem Anstrich langfristig unter dem Schwellenwert von 20% für die Entwicklung von holzzerstörenden Pilzen gehalten werden. Auf die Anwendung von vorbeugenden chemischen Holz-

Naturfarben als besonders vorteilhafter Wasserabweisender Holzschutz

Abb. 26: Qualitatives Feuchteverhalten von Holzfenstern (Fichte) bei Beregnung. (Quelle: Apel, Hantschke 1982)

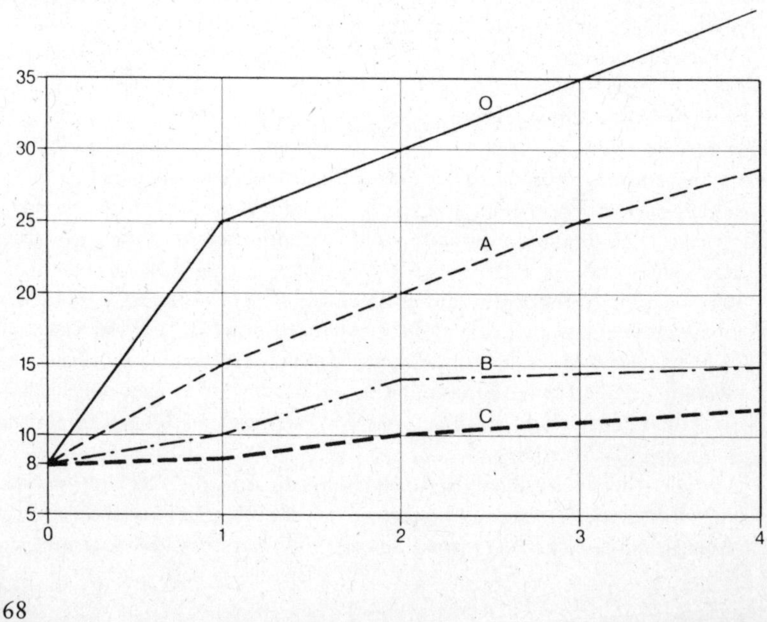

Abb. 27:
Diese nach einem speziellen Farbkonzept mit Naturharzöl-Lasuren blau lasierend behandelten Fassade war nach 5 Jahren erstmalig zu überarbeiten

schutzmitteln und damit auf Bläuesperrgrundierungen kann folglich oft verzichtet werden.

Holz für Fenster, Außentüren und Wintergärten unterliegt einer weiteren Besonderheit. Es trennt – anders als sonstige Holzbauteile – Innenklima vom Außenklima; diese Einbauten sind zugleich Außen- wie Innenbauteile. Das führt zu einer Eigenheit, die nur bei solchen Bauteilen zu beobachten ist. Im Inneren einer Wohnung herrscht in der Regel infolge Nutzung eine höhere Luftfeuchte als draußen; dies betrifft ganz besonders Spätherbst, Winter und Frühjahr. Der Dampfteildruck[26] des Wasserdampfs in der Innenraumluft ist daher höher als der des Wasserdampfs in der Außenluft. Dieser höhere Wasserdampfdruck an der inneren Oberfläche führt dazu, daß dort Feuchte in Dampfform ins Holz eindringt; das System tendiert zum Druckausgleich. Es herrscht also ein permanenter Feuchtestrom von innen nach außen. Wird nun außen weniger abgegeben als innen ins Holz hineindringt, kann dieser Stau ebenso verhängnisvoll sein wie eine zu große Auffeuchtung durch Witte-

Abb. 28: Holzfenster im Hallenbadtrakt eines Hotels in Kärnten, mit Naturfarben behandelt

rung: Das Holz wird zu feucht. Dies geschieht, wenn außen ein dichterer Anstrich vorhanden ist als innen. Daher muß das Fenster außen wie innen den gleichen Anstrichaufbau und die gleiche Zahl der Arbeitsgänge aufweisen. Selbstverständlich kann der Anstrich innen auch dichter sein als außen.

Konstruktive Anforderungen: Voraussetzung für lange Lebensdauer von Fenster und Anstrich

Maßhaltige Holzbauteile wie Holzfenster, Außentüren, Klappläden und auch Wintergärten haben besondere Aufgaben im Baukörper und müssen weitestgehende Dimensionsstabilität aufweisen. Daher sind bei ihnen die Möglichkeiten für Schadeinflüsse besonders groß: Was an einer Außenverschalung noch toleriert wird, kann bei maßhaltigen Holzbauteilen bereits zu gravierenden Schäden führen. Vor allem Holzfeuchteschwankungen und daraus resultierende Dimensionsänderungen sind unbedingt zu minimieren.

Die beste Gewähr für eine lange Lebensdauer von Holz und Anstrich bieten der konstruktive Holzschutz und demzufolge die materialgerechte Planung und Konstruktion. Über die bereits auf S. 53 ff. dargestellten Zusammenhänge hinaus gibt es weitere Gesichtspunkte, die unbedingt zu beachten sind. Leider lehrt die Praxis immer wieder, daß sie auch im Zeitalter kompletter Fräskopfsätze für die gütegesicherte Fensterprofilierung oft grob mißachtet werden.

Grundsätze guter Fensterkonstruktion

• Maßhaltige Holzbauteile als Fassadeneinbauten wie Fenster und Fenstertüren sollten nicht fassadenbündig angebracht werden; sie sind zurückgesetzt in einer Laibung anschlagend zu konstruieren (Schutz der Rahmen vor Niederschlag). Wird diese zurückversetzte Konstruktion in einem Fachwerk ausgeführt und das Fenster direkt auf einen Brustriegel aufgesetzt, so ist insbesondere auf den Feuchtigkeitsschutz dieses eingezapften Brustriegels zu achten: leichtes Gefälle der oberen Fläche nach außen, Einstemmen des Riegels in die Fachwerkständer, ggf. mit Versatz oder Hinterschneidung (zur Vermeidung eindringenden Wassers in das Stirnholz des Brustriegels).

• Rahmenverbindungen sind wasserfest zu verleimen; die Brüstungen müssen dicht sein.

Profilausbildung

• Die Profilausbildung hat so zu erfolgen, daß Wasser abgeleitet wird (geneigte Flächen mit mindestens 15 °). Die Norm DIN 68121 – Holzfensterprofile – ist unbedingt zu berücksichtigen. Verglasungen mit außen angebrachten Glashalteleisten sind mit Ausnahme von Sonderkonstruktionen (z.B. Hallenbäder oder historische Fenster) unzulässig.

• Die Holzfeuchte muß 13±2% betragen. Dies gilt bereits vor der Verarbeitung des Rohholzes.

• Rundungen an den Kanten sind ganz besonders wichtig. Sie müssen so groß sein, daß eine genügend dicke Beschichtung aufgetragen werden kann. Die Rundung darf nicht zu neuen Kanten führen; sie ist daher an die Flächen anzugleichen. Auf keinen Fall dürfen Holzfasern im Rundungsbereich gequetscht werden. Kanten im Außenbereich sollten daher einen Radius von ca. 2 mm aufweisen. Dabei ist es wichtiger, auf die exakte Rundung zu achten als auf die genaue Einhaltung des Radius. Ein Stumpfen der Kante oder das Anbringen von Fasen reicht nicht aus. (Abb. 29)

V- Fuge

• Zur Vorbeugung von Feuchtenestern sind Kapillarfugen zu vermeiden. Gerade im Brüstungsbereich, bei der aufrechte Rahmen in waagerechte Riegel eingezapft sind, ist daher auf sorgfältige Verleimung und gerundete Kanten

Abb. 29: Nicht gerundete Kanten und unzureichende Verleimung führen zu unzulässiger Auffeuchtung und zum Bläuebefall des Kiefernholzes

zu achten (nur diese führen zu einer sogenannte V-Fuge, aus der Wasser wie aus einem Graben herauslaufen kann).

• Die Wetterschutzschienen müssen im seitlichen Anschluß zum Blendrahmen mit elastischem Dichtstoff abgedichtet sein.

Dichtstoffe

• Bei der Verwendung von Dichtstoffen (meist auf Silikon-, Polysulfid- und Acrylat-Basis) muß auf die Verträglichkeit mit und die Haftung auf den verwendeten Naturfarben geachtet werden. Naturfarbenhersteller halten Listen mit geprüften Dichtstoffen bereit. Der Übergangsbereich zwischen Dichtstoff und weiterem Anstrich ist eine besonders sensible Zone und oft Ausgang für Anstrich- und später Holzschäden. Dichtstoffe sind sorgfältig und ohne »Verschmierungen« auszuführen. Elastische Dichtstoffe z.B. für das Einglasen dürfen auf keinen Fall überstrichen werden. Anstriche sind sorgsam bis an den Dichtstoff heranzuführen (s. Abb. 31).

• Zur Sicherung der Funktionsfähigkeit von Dichtstoffugen ist auf eine Zweiflankenhaftung zu achten (s. Abb. 32). Der Dichtstoff darf nur an den beiden Flanken der Fuge, nicht aber am Fugengrund haften (ggf. Trennfolie einlegen). Dadurch werden später auftretende Risse im Dichtstoff vermieden.

• Es ist auf die Zwischenräume zwischen Rahmenunterseite und Fensterbank zu achten. Wenn hier der Abstand so gering ist, daß die Rahmenunterseite nicht mehr gestrichen werden kann, ist es zweckmäßig, diesen Zwischenraum so abzudichten, daß keine Feuchtigkeit ins Holz eindringen kann.

• Holzauswahl: Harzreiche Nadelhölzer wie Kiefer und Oregon Pine können bei dunklen Anstrichen infolge Erwärmung durch Sonnenbestrahlung zu

Abb. 30: Dank guter Konstruktion und sorgfältiger Ausführung des Erstanstrichs mit Naturharzöl-Lasur 5 Jahre bis zum ersten Instandhaltungsanstrich

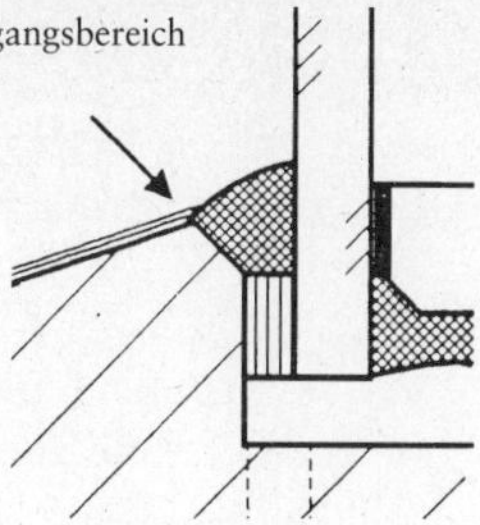

Abb. 31: Der Anstrich ist sorgfältig bis an den Dichtstoff heranzuführen
(Quelle: Bundesminister für Raumordnung, Bauwesen und Städtebau 1986)

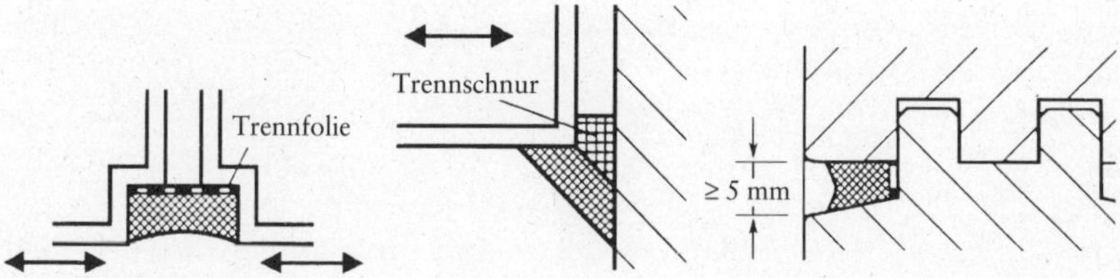

Abb. 32: Vermeidung der Dreiflankenhaftung durch Trennfolie (links, rechts) und Trennschnur (mitte).
(Quelle: Bundesminister für Raumordnung, Bauwesen und Städtebau 1986 und Deutsche Gesellschaft für Holzforschung 1991a)

Harzaustritt neigen und damit den Anstrich zerstören. Harzarme Nadelhölzer wie Fichte und Redwood oder Laubhölzer wie z.B. Dark Red Meranti oder Eiche sind daher zu bevorzugen. Ggf. ist ein Verzicht auf dunkle Anstriche angebracht. Analog den Ausführungen auf S. 57-58 sollte man möglichst auf die dort aufgeführten resistenten Holzarten zurückgreifen, dabei aber den einheimischen Holzarten oder tropischen Hölzern aus nachhaltiger Forstwirtschaft den Vorzug geben.

Holzauswahl

• Untere Rahmenbereiche wie Schwellenhölzer (bei Wintergärten), Wetterschenkel (bei Fenstern, Fenstertüren oder Klappläden) oder gar hölzerne Fensterbretter (sofern vorgesehen) sind die am stärksten witterungs- und feuchtebelasteten Holzteile. Zumindest sie sollten daher aus den resistenten Holzarten Kiefer-Kern, Redwood, Eiche, Dark Red Meranti oder ggf. auch Pitch-Pine oder Lärche gefertigt werden.

chemischer Holzschutz meist überflüssig

Bei richtiger Konstruktion und sorgfältig ausgeführtem wasserabweisendem Anstrich mit Naturfarben (»Holzschutz durch Beschichtung«) wird Holzschädlingen vorgebeugt. Ein chemischer Holzschutz ist demzufolge meist überflüssig.

Prüfung der Untergründe und Vorarbeiten vor der Anwendung

Die Qualität von Holz und Holzoberfläche ist hier besonders zu überprüfen. Sie hat einen großen Einfluß auf die Haltbarkeit des Oberflächenschutzes und damit der gesamten Rahmenkonstruktion.

Abgesehen von der Holzfeuchte, die bei maßhaltigen Bauteilen bei 13±2% liegen muß, sind vor allem der saubere Schliff der Holzoberfläche und die Qualität des Holzes zu beachten. Das Holz sollte eine glatte, durch die Bearbeitung nicht gequetschte Oberfläche aufweisen. Die sichtbaren Flächen von Fenstern sind entweder geschliffen, fein gehobelt oder finiert (Finieren:

Abschälen der Holzoberfläche nach dem Prinzip der Ziehklinge; es entstehen bei intaktem Werkzeug Oberflächen von bestechender Güte). Durch das Bearbeiten mit stumpfen Werkzeugen erfolgt eine Quetschung der Holzfasern, welche später – z.B. bei Befeuchtung – wieder aufquellen und u.U. den Anstrich zerstören (diese Gefahr besteht vor allem beim Feinhobeln). Zumindest aber treten hier sehr unruhige und riefige Oberflächen auf.

Es versteht sich von selbst, daß baubedingte Verschmutzungen der zu behandelnden Holzoberfläche eine gründliche Säuberung vor Beginn der Anstricharbeiten erfordern. Dies betrifft speziell Silikon- und ähnliche Verschmutzungen durch Dichtstoffmaterialien. Auf Silikonen etc. haftet kein Anstrich mehr. Daher ist besonders das Holz in der Nähe der Fugendichtungsmassen zu kontrollieren.

intaktes und tragfähiges Holz

Die Oberfläche muß frei von Rissen und sonstigen Verletzungen sein. Zudem darf das Holz nicht angewittert oder gar oberflächlich verwittert sein. Anstriche auf verwitterten Oberflächen haben keine Haftung zum festen Holzuntergrund und würden rasch abplatzen. Es muß daher intaktes und tragfähiges Holz vorliegen. Achtung: Schon wenige Wochen Freibewitterung reichen aus, Untergrundhaftungsprobleme zu erzeugen. Bereits vorhandener Bläuepilzbefall ist unzulässig und muß mechanisch restlos entfernt werden (schleifen o.ä.); wo das nicht möglich ist, kann nur noch ein konventionelles chemisches Holzschutzmittel (sogenannte Bläuesperrgrund) weiteren Problemen vorbeugen.

Harzgallen und ausgedübelte Äste

Harzgallen dürfen nicht toleriert werden, da sie später unweigerlich zu Anstrichschäden führen (ggf. ausbrennen und ausbessern). Nicht ausgebesserte Punktäste bis 5 mm Durchmesser sowie gesunde verwachsene Äste, die das Stehvermögen und damit die Maßhaltigkeit der Holzteile nicht beeinflussen, sind zulässig. Andere Äste müssen ausgedübelt sein. Bei ausgedübelten Ästen müssen die Dübel auch an ihren Kanten vollflächig verleimt sein. Dübel dürfen einen Durchmesser bis zu 25 mm besitzen. Kettendübelungen bis 2 Dübel können nur bei späteren deckenden Lackierungen toleriert werden, bei zu lasierendem Holz nur einzelne Dübel. Alle abweichenden Untergrundvoraussetzungen können nicht zugelassen werden, da sie Anstrich- und später gravierende Holzschäden nach sich ziehen.

Insgesamt ist sicherzustellen, daß die konstruktiven Voraussetzungen eingehalten worden sind. Rundungen an den Kanten und alle oberflächlichen Verletzungen müssen sorgfältig überprüft und ggf. dauerhaft ausgebessert werden. Konstruktive Fehler können vor allem am Fenster rasch gravierende Folgen haben.

Oberflächenbehandlung mit Lasuren und Lacken

Eine Gefährdung von Fenstern und anderen maßhaltigen Holzbauteilen durch Insektenbefall ist nicht gegeben, auf einen insektenvorbeugenden Holzschutz kann daher verzichtet werden. Nicht immer hingegen kann eine Gefährdung durch holzzerstörende Pilze oder Bläuepilze ausgeschlossen werden; dies vor allem bei der Wahl anfälliger Holzarten (z.B. Kiefer-Splint) und ungünstiger Konstruktion. Von manchen Bauherrn und Nutzern wird daher eine Holzschutzvorbehandlung gewünscht. Hier kann ggf. mit vorbeugenden Borsalzen vorbehandelt werden – die einzigen amtlich geprüften und für tauglich befundenen Holzschutzmittel der konsequenten Naturfarbenhersteller. Manche Handwerker und Fensterhersteller bevorzugen auch die bewährte herkömmliche Bläueschutzvorbehandlung mit sog. Bläuesperrgrund. Hierbei handelt es sich um konventionelle chemische Holzschutzmittel mit all ihren toxikologischen und ökologischen Risiken. Sie haben in der konsequent ökologischen Holzoberflächenbehandlung nichts verloren. Wer dennoch nicht auf sie verzichten möchte oder kann, sollte darauf achten, daß sie mit der nachfolgend aufgebrachten Oberflächenbehandlung aus Naturprodukten verträglich sind. Eine Nachfrage beim Produzenten genügt meist. (Hinweis: In der Regel vertragen sich konventionelle lösemittelhaltige Holzschutzgrundierungen mit Naturharzöl-Lasuren und -Lacken, die mit ätherischen Ölen verdünnbar sind. Bei wasserverdünnbaren Produkten ist jedoch Vorsicht am Platze.)

Konventionelle Holzschutzvorbehandlung

Der »bessere«, weil ökologisch verträglichere Holzschutz erfolgt jedoch immer unter Beachtung der konstruktiven Anforderungen an Holzfenster etc. und des sorgfältigen wasserabweisenden Anstrichaufbaus. Diese können die Holzschutzvorbehandlung erübrigen, da die Lebensbedingungen der Pilze vermieden werden: Die Holzfeuchte bleibt unter 20%. Abb. 26 zu Beginn dieses Kapitels zeigt dies exemplarisch am Beispiel Fichtenfenster.

Besser: Sorgfältiger wasserabweisender Anstrichaufbau

Flächige Spachtelarbeiten sind auf maßhaltigen Holz-Außenbauteilen und insbesondere auf Fenstern nicht zulässig, da sie Ursache für Anstrichschäden sein können. Auch Fleckspachteln kleinerer Schadstellen ist möglichst zu unterlassen; es kann nur ausnahmsweise toleriert werden (hierzu verwendet man einen Naturharz-Lackspachtel).

Zur Oberflächenbehandlung von Fenstern, Fenstertüren und anderen maßhaltigen Holzbauteilen sind sowohl Naturharzöl-Lasuren als auch Naturharzöl-Weiß- oder -Buntlacke gleichermaßen geeignet. Hier gibt es keine besonderen Präferenzen. Ein Lasuranstrich ist zwar leichter aufzubringen und im Renovierungsfall leichter zu überarbeiten, doch ist dessen Instandhaltungsintervall etwas kürzer als bei einem Lackanstrich. Dennoch bietet sich grundsätzlich freie Auswahl: Wer die deckende Beschichtung wünscht, wählt den Lackanstrich; wo die Holzmaserung noch etwas erkennbar bleiben soll, wird der Lasuranstrich ausgeführt. Es sind mittelgetönte Anstriche zu bevorzugen; helle oder schwachgetönte Lasuren besitzen keine lange Lebensdauer (s.S. 51).

Verarbeitung von Naturharzöl-Lasuren und -Lacken

Nach der Grundierung mit Naturharzöl-Imprägniergrund sind für den nachfolgenden Anstrichaufbau entweder drei Arbeitsgänge mit Naturharzöl-Lasur oder ein Anstrich mit Naturharz-Vorstreichfarbe und zwei Anstriche mit Naturharzöl-Weiß- oder -Buntlack nötig (für die Verarbeitung s.S. 60-62).

Vor Anlieferung und Einbau von maßhaltigen Holzbauteilen muß unbedingt der erste Anstrich mit Naturharzöl-Lasur oder mit Naturharzöl-Weiß- oder -Buntlack erfolgt sein. So erhalten auch diejenigen Holzflächen einen wasserabweisenden Schutz, die später nicht mehr zugänglich sind (wichtig vor allem bei Kontakt mit dem – feuchteführenden – Mauerwerk oder bei Kondenswasser innerhalb der Konstruktion). Außerdem können Holz und Anstrich so die ersten Tage der Freibewitterung überstehen, ohne Schaden zu nehmen.

Wetterschutzschienen, Beschläge und sonstige Metallteile dürfen frühestens nach der ersten Zwischenbeschichtung angebracht werden. Sie sind nicht mehr zu überstreichen, daher hat die weitere Anstrichausführung mit Sorgfalt zu erfolgen. Auch die Verglasungsarbeiten dürfen erst nach der ersten Zwischenbeschichtung ausgeführt werden. Dichtprofile müssen anstrichverträglich sein (keine PVC-Profile) und sollten erst nach Fertigstellung und Trocknung des Anstrichs eingebaut werden.

Verträglichkeit mit Dichtstoffen

Auch bei Dichtstoffen sind geeignete, mit den Naturharzöl-Anstrichen verträgliche Materialien zu wählen (ggf. nach Angabe der Naturfarben- oder Dichtstoffhersteller). Weichmacherhaltige PVC-Dichtstoffe sind unbedingt zu vermeiden. Elastisch bleibende Dichtstoffe dürfen nicht überstrichen werden. Wenn die Anstricharbeiten z.B. nach den Verglasungsarbeiten erfolgen, so ist der Anstrich auf max. 1 mm auf dem Dichtstoff zu begrenzen. Die Anstrichverträglichkeit des Dichtstoffs besagt nämlich nicht, daß er überstrichen werden kann; sie beinhaltet lediglich die einwandfreie Haftung auf einer bereits vorhandenen Anstrichschicht.

Blockfestigkeit

Aufgrund relativ langsamer Trocknung von Naturharzöl-Produkten kann es besonders bei Fenstern zu leichten oberflächlichen Anhaftungen der beiden Kontaktflächen im Bereich der Falze kommen, wenn die Fenster nach wenigen Tagen geschlossen werden. Zudem kommt es, wie bei allen leinölhaltigen Lasuren und Lacken, zu einem gewissen Adhäsionsphänomen durch die leinölspezifische Oberflächenstruktur (sogenannte mangelnde Blockfestigkeit). Dies kann sich in einer leichten Anhaftung und leichtem, aber hörbarem Knacken beim Öffnen der Fensterflügel äußern. Es kann also angeraten sein, in den Falzen auf die letzte Anstrichschicht zu verzichten. Ggf. sollte man die Falze mit Talkum nachpudern, um so die leichte Anhaftung zu vermeiden.

Untere Rahmenteile und Hirnholzstellen sind bei maßhaltigen Holzbauteilen, besonders wenn sie sehr exponiert oder gar fassadenbündig verbaut wurden, sehr witterungsbelastet. Hier muß besonders sorgfältig gestrichen werden. Es empfiehlt sich eine Überarbeitung dieser Teilflächen im Abstand von rund 2 Jahren.

Rosenheimer Richtlinien

Die sogenannten »Rosenheimer Richtlinien«, die beim Fensteranstrich meist als Evangelium angesehen und oft gegen die Verwendung von Naturfarben vorgebracht werden, existieren nicht als eigene, schriftlich formulierte Vorschrift. Meist werden damit verschiedene, vom Rosenheimer Fensterinstitut e.V. herausgegebene Merkblätter gemeint, die Anforderungen an

Feuchteschutz, UV-Durchlässigkeit, Alterungsverhalten etc. beschreiben. Kernstück dieser »Rosenheimer Richtlinien« ist die Tabelle »Anstrichgruppen für Fenster und Außentüren«, die bei der Feststellung und Auswahl des richtigen Anstrichs behilflich ist. Es dreht sich bei der Tabelle jedoch nur um die Auswahl von hellen, mittelgetönten oder dunklen Lasuranstrichen oder Decklacken – wie es grundsätzlich auch von konsequenten und verantwortlichen Naturfarbenherstellern empfohlen und vorstehend beschrieben wird. Ein chemischer Holzschutz kommt hier ebensowenig vor wie die Forderung, auf Naturfarben zu verzichten.

Pflege, Instandhaltung und Instandsetzung

Die Reinigung maßhaltiger Holzbauteile kann nur mit klarem, lauwarmem Wasser – oder beim Decklack mit einer sehr milden, handwarmen, wässrigen Pflanzenseifenlösung – erfolgen; siehe dazu S. 65. Dort wird auch die mittlere Lebensdauer von Außenanstrichen angesprochen und dargestellt, daß deren Unversehrtheit nicht unbegrenzt währt. Südwestexponierte, untere Rahmenteile oder fast waagerechte, leicht abgeschrägte Flächen an Fensterrahmen sind naturgemäß stärker belastet; hier kann man immer nur die etwas geringere Lebensdauer von rund 2-3 Jahren annehmen. Diese Holzbereiche sollten daher besonders beobachtet und ggf. etwas eher nachgestrichen werden. Dennoch lassen sich Holzfenster nicht als pflegeaufwendige Bauteile bezeichnen; Holz ist im Vergleich zu anderen Materialien nicht im Nachteil. Gute Konstruktion und regelmäßige Überprüfung sorgen für eine lange Lebensdauer des Holzes und auch des Anstrichs. Fenster aus geeigneten europäischen Holzarten sind bei richtiger Pflege über Generationen voll funktionsfähig. (Abb. 30, S. 72)

Lebensdauer von Fensteranstrichen

Erhöhter Aufwand für Instandhaltung und Instandsetzung zeugt meist von konstruktiven Schwächen. Vor allem vor Instandsetzungsmaßnahmen, bei denen Schäden und Fehler im Anstrich und ggf. am Holz zu beheben sind, müssen intensive Prüfungen der konstruktiven Voraussetzungen erfolgen. Dabei sind vor allem Dichtungen, Kantenrundungen, intakte V-Fugen an Brüstungen, Verleimungen zu überprüfen. Bei Beanstandungen kann die Instandsetzung relativ aufwendig werden, da beispielsweise erst die Verglasungen wieder korrekt zu versiegeln sind, Kanten mit Spezialfräsern zu runden sind, abgewittertes und vergrautes Holz bis auf den rohen und tragfähigen Untergrund zu entfernen ist etc.

regelmäßige kritische Inspektion maßhaltiger Bauteile

Eine regelmäßige kritische Inspektion der maßhaltigen Holzbauteile ist unverzichtbar. Hierbei sollten auch die Innenflächen einbezogen werden. Zu empfehlen sind sogar Wartungsverträge, die mit Malerfirmen abgeschlossen werden. Auf diese Weise können der jeweilige Zustand zuverlässig festgestellt und die notwendigen Arbeiten ausgeführt werden. Bereits auf S. 66 sind verschiedene Gesichtspunkte beschrieben, denen Beachtung zu schenken ist. Sie sind so wichtig, daß sie hier erneut dargestellt werden. Die Inspektion sollte demnach besonders folgende Merkmale berücksichtigen:

- Zustand des Anstrichs: intakt und tragfähig (Prüfung mit scharfem Messer – Kreuzschnitt – und Klebeband), kreidend, abblätternd, rissig, zu gering pigmentiert ?;
- Holzzustand: einwandfrei, rissig, vergraut, Bläuepilzbefall, verfault;
- Konstruktion: offene Fugen und Eckverbindungen, scharfe bzw. gerundete Kanten, Glashalteleisten (dicht anliegend?), fehlendes Gefälle waagerechter Holzflächen ?, Anschluß zum Baukörper etc.;
- Versiegelung bzw. Verkittung: nicht vorhanden, teilweise schadhaft, noch intakt, Verträglichkeit mit Naturharzöl-Anstrich;
- Holzfeuchte: unter oder über ca. 15%
- Beschläge: gepflegt, angerostet, schwergängig.

Die Vorgehensweise bei einfacher Überarbeitung (Instandhaltung) intakter Anstriche ist sehr einfach und bereits dargestellt worden (s.S. 66-67), ebenso die Instandsetzung schadhafter Altanstriche. Hierbei kann je nach Geschicklichkeit des Verarbeiters ggf. auch teilflächig vorgegangen werden: z.B. nur Entfernung des Anstrichs auf den Wetterschenkeln von Fenstern (Achtung: sorgfältiges Angleichen an die aufrechten Rahmenteile in der V-Fuge).

Arbeitssicherheit

Arbeitsschutz / Sicherheit am Arbeitsplatz

Paracelsus und die Arbeitssicherheit

Konsequente Naturfarben sind die mit Abstand umweltfreundlichsten und ökologisch verträglichsten Beschichtungsstoffe. Dies darf jedoch nicht zum sorglosen Umgang verleiten. Auch der Inhaltsstoff einer Naturfarbe kann gesundheitlich und ökologisch nachteilig wirken, wenn er nur in genügend großer Menge auftritt. Manche denken hier gleich an den Naturforscher, Arzt und Alchemisten Theophrastus von Hohenheim, der sich Paracelsus nannte, und seine These, jeder Stoff auf der Welt könne giftig oder auch ungiftig sein, es käme eben nur darauf an, die Dosis genügend groß oder genügend klein zu machen.

Gewiß hat Paracelsus recht, insofern er nämlich lediglich Naturstoffe pflanzlicher, tierischer oder mineralischer Herkunft kannte, und an ihnen im Sinne einer Wandlung vom Natürlichen zum Kulturellen arbeitete. Leider wird er ungefragt durch eine unübersehbare Zahl eifriger Propagandisten der harten Chemie und Gentechnologie in Anspruch genommen, sein »Gift-Dosis-Zitat« bis zur Unkenntlichkeit aus dem Zusammenhang gerissen und verstümmelt. Selten einmal läßt eine Industriechemiker oder ein industrieorientierter Toxikologe die Gelegenheit aus, in der Diskussion um – oft willkürlich festgelegte – Grenzwerte von chemischen Schadstoffen in Organismen oder in der Umwelt auf Paracelsus zu verweisen. Unversehens wird Paracelsus so zum Kronzeugen für Genmanipulation und Chlorchemie. Dem muß hier heftig widersprochen werden. Eine solche Vereinnahmung stellt seine ursprüngliche Intention geradezu auf den Kopf, weist doch das paracelsische Weltbild darauf hin, daß es ihm um alles andere als um einen gewaltsamen Umgang mit der Natur ging; es ging ihm eben um eine alchemistische Arbeit am Stoff im Sinne einer Wandlung des Natürlichen zum Kulturellen, ohne Eingriff in die stoffliche Integrität.[27]

Folglich entscheidet die Dosis, ob ein Rohstoff für konsequente Naturfarben Schadstoff oder unschädlich ist. Das können – nebenbei bemerkt – synthetische Rohstoffe nicht von sich behaupten. Sicherheitshalber also sollte die Dosis, die in einen Körper hineingelangen kann, immer möglichst gering sein.

Gesundheitsschutz

Bei der Anwendung von Naturprodukten sind in erster Linie die ätherischen Öle zu beachten. Die flüchtigen Naturstoffe oder auch reiner pflanzlicher Gärungs-Alkohol (Ethanol) sind als Löse- oder Verdünnungsmittel in vielen Naturfarben für die Holzoberflächenbehandlung enthalten. Bei der »Freilassung« der Produkte aus den Dosen werden auch diese Lösemittel wieder frei. Je größer die zu bearbeitende Fläche und die verarbeitete Menge an Naturfarben, desto mehr ätherische Öle gelangen in die Umgebungsluft.

ätherische Öle in der Umgebungsluft

Größere Flächen sind daher stets unter Absaugvorrichtungen zu bearbeiten oder – bei eingebauten Objekten – unter genügender Luftzufuhr (in Innenräumen: Querlüftung!). Wenn auch die ätherischen Öle dem menschlichen Organismus evolutionär vertraut sind und von der Leber als Entgiftungsorgan rasch wieder abgebaut werden, so sollte man bei großflächiger Verarbeitung doch Vorsicht walten lassen. Der charakteristische Geruch der ätherischen Öle, der in erster Linie in der Phase der Verarbeitung auftritt, ist ein Vorteil, der nicht unterschätzt werden darf: Der Geruch dient als Warnsignal bei Überdosierung. Diesen Vorteil haben viele synthetische Lösemittel – z.B. auch Isoaliphaten in Pseudo-Naturfarben – nicht; deren Einatmung wird zunächst nicht bemerkt.

Geruch als Warnsignal

Natürliches Balsamterpentinöl findet sich auf der MAK-Liste, der Liste der gesundheitsgefährdenden Arbeitsstoffe. Das kann lediglich als Hinweis darauf verstanden werden, daß auch mit Naturstoffen während der Verarbeitung sorgfältig und vorsichtig umzugehen ist. Zu weiterem Erkenntnisgewinn ist die MAK-Liste nicht dienlich. Balsamterpentinöl wird eingereiht in eine Reihe von eindeutig – teilweise gar unter Angabe von Isomeren – identifizierbaren Chemikalien. Wie auch immer das Balsamterpentinöl dort hineingekommen sein mag, es ist für Gegner von Naturfarben ein willkommener Beweis der Gefährlichkeit ätherischer Öle (Citrusschalenöl wird dabei gleich in Sippenhaft genommen) und oft sogar der Unberechenbarkeit der komplexen und uneinheitlichen Naturstoffe. In der Tat sind Balsamterpentinöl bzw. Citrusschalenöl jeweils Vielstoffgemische von je nach Herkunft und Standort der Kiefern bzw. der Zitrusfruchtbäume völlig unterschiedlicher Zusammensetzung. Einen MAK-Wert für natürliches Balsamterpentinöl festzulegen – er liegt formell bei 100 ml/m^3 (= ppm)[28] –, ist daher unsinnig. Wenn z.B. für Benzin der MAK-Wert mit der Begründung verweigert wird, ein Vielstoffgemisch läßt sich toxikologisch nicht erfassen und bewerten, dann hat auch natürliches Balsamterpentinöl in der MAK-Liste nichts zu suchen!

Balsamterpentinöl hat auf der MAK-Liste nichts zu suchen

Es wird gelegentlich – und von interessierten Kreisen sogar besonders häufig – die sogenannte »Malerkrätze« als Folge der Balsamterpentinölanwendung beschrieben. Die als berufliche Hautkrankheit vor Jahrzehnten unter diesem Namen bekannte Ekzembildung war eine Folge extrem minderwertiger und chemikalienverseuchter Lösemittel mit sehr hohen Gehalten an ekzemauslösenden Inhaltsstoffen. Die modernen, konsequenten Naturfarben der Gegenwart enthalten nur hochwertige pflanzliche Lösemittel praktisch ohne solche Inhaltsstoffe. Seit Jahrzehnten werden überdies Salben mit reinem Balsamterpentinöl als Hauptbestandteil erfolgreich in der Heilbehandlung eingesetzt – ohne »Malerkrätze«. Gleichwohl, Balsamterpentinöl – wie auch alle anderen ätherischen Öle – wirken bei häufigem und intensivem Hautkontakt radikal entfettend. Ein Abwaschen von verunreinigten Hautpartien beispielsweise Arbeitspausen und zum Feierabend ist daher unbedingt zu

chemikalienverseuchte Lösemittel und »Malerkrätze«

vermeiden. Zur Hautreinigung sind Seifen vorzusehen.

Die persönliche Schutzausrüstung sollte demnach zumindest bei beruflichem Umgang oder bei umfangreichen Arbeiten nicht fehlen. Sicherheitshalber sind Aufnahme von Rohstoffen und Produkten durch die Atmung und durch die Haut – und durch orale Aufnahme sowieso – zu minimieren. Absaugungen und intensive Lüftung (Querlüftung) reduzieren die Belastung mit ätherischen Ölen, Schutzhandschuhe, Schutzbrille und ggf. auch Gummischürze – z.B. bei fortwährendem Umgang mit frisch behandelten Holzteilen – vermeiden den Hautkontakt, schützen die Augenschleimhäute bzw. verhindern die Durchtränkung der Arbeitskleidung. Eine regelmäßige Pflege der Haut vor allem an den Händen mit geeigneten Hautschutzsalben ist ganz besonders wichtig. Sofern größere Mengen an ätherischen Ölen und Aerosolen in der Luft zu erwarten sind (beim Versprühen und bei Spritzarbeiten möglich), sind Mund- und Atemschutz zu tragen. Atemschutzgeräte mit Gasfilter können zur Bindung von Gasen (physikalische Adsorption oder katalytische Umwandlung am Filtermaterial) verwendet werden; natürliche ätherische Öle lassen sich mit Gasfiltern vom Typ A2 (Kennfarbe braun) aus der Atemluft entfernen. Bei Spritzverarbeitung empfiehlt sich zusätzlich ein Partikelfilter (z.B. vom Typ P2), um die Aerosole zurückzuhalten. Ganz selbstverständlich sollte es sein, daß Essen, Trinken und Rauchen am Arbeitsplatz unterbleiben.

Maßnahmen zum Arbeitsschutz

Berufsgenossenschaftliche Vorschriften und gesetzliche Verordnungen sind bei gewerblicher Verarbeitung immer zu berücksichtigen. Diese Regeln sollen hier jedoch nicht weiter beschrieben werden, zumal für Werkstätten und Betriebe das Vorhandensein der einschlägigen Sicherheitsverordnungen obligatorisch ist und sie für Mitarbeiter daher jederzeit zugänglich sind.

Sicherheit am Arbeitsplatz und im Lagerraum

Die Trocknung natürlicher Öle wie Leinöl, Holzöl-Standöl, Safflor-Öl etc. erfolgt durch Sauerstoffaufnahme aus der Umgebungsluft. Diese Oxidation, bei der sich die Ölmoleküle zu größeren Gebilden vernetzen, ist ein exothermer Prozeß: Es wird Energie frei und das Öl erwärmt sich. Die Erwärmung ist bei normalen Verhältnissen einer Oberflächenbehandlung auf behandeltem Holz praktisch nicht meßbar; die geringe Menge freiwerdender Energie wird fortwährend an die Umgebungsluft abgeführt. Wird jedoch die Wärmeabfuhr unterbunden, so kann das trocknende Öl wärmer werden. Dies ist der Fall in locker gepacktem Material – z.B. in einem zerknüllten Lappen, nachdem er zum Abwischen des nicht eingedrungenen Überstands von Naturharzöl-Imprägniergrund benutzt worden ist. Der zerknüllte Lappen wirkt für das innenliegende trocknende Öl wie eine Wärmedämmung. Das Innere des Lappens wird folglich immer wärmer, bis es schließlich so heiß geworden ist, daß die Zündtemperatur des ölgetränkten Lappens erreicht ist und er zu brennen anfängt. Gleiches kann auch geschehen im Inneren eines Haufens Sägemehl, in das größere Mengen Öl hineingelaufen sind. Wird der ölge-

Trocknung und Selbstentzündung

tränkte Lappen, bzw. das Sägemehl, ausgebreitet, ist das Problem beseitigt: Die umhüllende Wärmedämmung ist fortgefallen und die Energieabfuhr an die Umgebung gewährleistet. Es kommt weder zur Erwärmung noch zur Selbstentzündung. Harze oder ätherische Öle sind am Mechanismus der Selbstentzündung übrigens nicht beteiligt. Keinesfalls eignet sich der natürliche Vorgang der Selbstentzündung – dem übrigens auch feucht eingelagertes Heu unterliegt – dazu, die Gefährlichkeit von Naturfarben zu belegen, wie es interessierte Kreise gelegentlich versuchen.

Schutz vor Selbstentzündung

Oberste Priorität am Arbeitsplatz besitzt daher der Schutz vor Selbstentzündung trocknender Öle. Zweckmäßigerweise werden verschließbare Blechbehälter bereitgehalten, in den ölgetränkte Lappen hineingegeben werden; diese können zusätzlich im Behälter mit Wasser übergossen werden. Es reicht auch, die ölgetränkten Lappen zur Trocknung auszubreiten oder beispielsweise auf eine Wäscheleine zu hängen. Gleiches gilt sinngemäß für alle ölgetränkten und wärmedämmend wirkenden Substrate wie Sägemehl oder Schleifstaub. Bei größeren naturfarbenverarbeitenden Betrieben sollte eine Mitarbeiterin oder ein Mitarbeiter verpflichtet werden, sich um ölgetränktes Substrat zu kümmern und vor Arbeitspausen bzw. Feierabend regelmäßige Kontrollgänge durchzuführen.

Belüftung des Arbeitsplatzes

Zur Sicherheit am Arbeitsplatz gehört unbedingt auch eine ausreichende Belüftung. In Handwerks- und Industriebetrieben ist mit Absauganlagen zu arbeiten, die für eine ausreichende Menge an Umluft in Arbeitsräumen bzw. Spritzkabinen sorgen. So wird die Konzentration an ätherischen Ölen oder Alkohol in der Raumluft verringert und eine Entzündung oder gar Explosion der brennbaren Dämpfe verhindert. Ist kein besonderer Arbeitsraum für die Verarbeitung entsprechender Naturprodukte vorhanden, so gilt ein Bereich von 5 Metern um die Arbeitsstelle als gefährdet. Feuerlöscheinrichtungen (Feuerlöscher, Löschdecken) ex-geschützte elektrische Geräte (Schalter, Beleuchtungskörper, Motoren, Pumpen etc.) und Absaugvorrichtungen sind in diesen Arbeitsräumen bzw. Bereichen obligat; die Vermeidung offener Flammen ist erst recht selbstverständlich. Die stark alkoholhaltigen Schellacke sollten überdies nur mit ex-geschützten Spritzgeräten verarbeitet werden.

Vermeidung von Zündfunken

Auch auf andere funkenschlagende Gegenstände ist in den gefährdeten Bereichen zu achten. So sind Metallteile an Schuhen bzw. Schuhsohlen untersagt. Metallflächen an Lackier- und Absauganlagen dürfen nicht mit funkenerzeugenden Metallwerkzeugen (Spachtel, Messer, Drahtbürste etc.) gereinigt werden. Ggf. muß an verschiedenen Metallteilen ein Potentialausgleich geschaffen werden, um durch Reibung erzeugte Spannungsunterschiede und sich ansammelne statische Elektrizität auszugleichen. Die einzig taugliche Abhilfe gegen elektrostatische Aufladung ist eine wirksame Erdung.

Spritzräume und Spritzstände können zur Abscheidung der Farb- und Lacknebel, die neben den Lösemitteln auch sämtliche anderen Rezepturbestandteile enthalten, mit speziellen Lackabscheidern oder Waschwänden ausgerüstet sein. Zumindest jedoch haben sie eine Umgrenzung (Bleche oder Prallwände), wo sich die Spritznebel niederschlagen. Diese Einrichtungen müssen regelmäßig gereinigt werden. Achtung für Betriebe, die neben den Naturfarben auch Nitrocelluloselacke verarbeiten: Das Zusammentreffen der Nitrolackteilchen mit ölhaltigen Anstrichstoffen an den Wänden von Spritzkabinen, die keine Auswaschanlage besitzen, bedeutet eine erhöhte Brandgefahr, weil solche nitrocellulose- und ölhaltigen Lackgemische in erhöhtem Maße zur Selbstentzündung neigen.

Lagerung brennbarer Produkte

Die Lagerung von brennbaren Produkten unterliegt erhöhten Anforderungen: Da ölhaltige und mit ätherischen Ölen bzw. Alkohol verdünnbare Produkte brennen können, betrifft dies auch manche Naturfarben-Produkte. Von der Einstufung und Kennzeichnung der jeweiligen Produkte nach der Verordnung über Anlagen zur Lagerung, Abfüllung und Beförderung brennbarer Flüssigkeiten (VbF) und der Menge der gelagerten Produkte hängt es ab, ob die Lagerung anzeigebedürftig oder erlaubnisbedürftig ist. Je nach Gefahrklasse und Menge der gelagerten Flüssigkeiten ergeben sich die baulichen und sicherheitstechnischen Anforderungen an die Lagerräume. Tabelle 2 zeigt

Tab. 2: Anzeige- und erlaubnisfrei zulässige Lagermengen.
(Quelle: Landesgewerbeamt Baden-Württemberg 1990)

Ort der Lagerung	Art der Behälter	Lagermenge in Liter AI	AII oder B
1 Wohnungen und Räume, die mit Wohnungen in unmittelbarer nicht feuerbeständig abschließbarer Verbindung stehen	zerbrechnlich	1	5
	nicht zerbrechlich	1	5
		1	5
2 Keller von Wohnhäusern (Gesamtkeller)	zerbrechlich	20	20
	nicht zerbrechlich		
3 Verkaufs- oder Vorratsräume des Einzelhandels mit einer Grundfläche		5	10
3.1 bis 60m²	zerbrechlich	60	120
	nicht zerbrechlich		
3.2 über 60 m² bis 500 m²	zerbrechlich	20	40
	nichtzerbrechlich	200	400
3.3 über 500 m²	zerbrechlich	30	60
	nichtzerbrechlich	300	600
4 Lagerräume über und unter Erdgleiche	zerbrechlich	< 60	< 200
	nicht zerbrechlich	< 450	< 3000

zulässige Lagermengen (anzeige- und erlaubnisfrei) in Abhängigkeit des Lagerortes. Unzulässige Lagerung liegt vor, wenn brennbare Flüssigkeiten beispielsweise in allgemein zugänglichen Durchgängen, Treppenhäusern und Fluren, auf Dachböden z.B. von Wohnhäusern, Krankenhäusern, Bürogebäuden und ähnlichen Häusern oder in Arbeitsräumen gelagert werden. Tabelle 3 stellt die anzeige- bzw. erlaubnisbedürftige Lagerung dar.[29]

Tab. 3: Anzeige- bzw. erlaubnisbedürftige Lagerung.
(Quelle: Landesgewerbeamt Baden Württemberg 1990)

Ort der Lagerung	Art der Behälter	Anzeigebedürftig Lagermenge in Liter		Erlaubnisbedürftig Lagermenge in Liter	
		AI mehr als ... bis	AII oder B mehr als ... bis	AI mehr als	AII oder B mehr als
Lagerräume über und unter Erdgleiche	zerbrechliche Gefäße	60-200	200-1000	200	1000
	sonstige Gefäße	450-1000	3000-5000	1000	5000

Das Wasserhaushaltsgesetz regelt über die Einteilung der Produkte nach Wassergefährdungsklassen die Sicherheitsvorkehrungen, die für Lager gelten. So kann beispielsweise je nach Menge und Art der gelagerten Flüssigkeiten eine spezielle Abdichtung des Lagerraums nach unten zum Schutz des Grundwassers notwendig werden.

Die Ausführungen dieses Kapitels über Arbeitsschutz und Sicherheit am Arbeitsplatz sind keinswegs erschöpfend – insbesondere nicht die Angaben zur Lagerung. Sie dienen zunächst dazu, generell auf den Arbeits- und Gesundheitsschutz hinzuweisen und Besonderheiten der Naturfarben darzustellen. Sicherheits- und Arbeitsschutzmaßnahmen finden sich ausführlicher in diversen Verordnungen (z.B. Gefahrstoffverordnung, Verordnung über Anlagen zur Lagerung, Abfüllung und Beförderung brennbarer Flüssigkeiten VbF, Technische Regeln für Gefahrstoffe etc.) und Merkblättern (z.B. berufsgenossenschaftliche Schriften). Wer sich intensiver damit beschäftigen will, wende sich an die Landesgewerbeämter, die Gewerbeaufsichtsämter, die Berufsgenossenschaften, die Landesanstalten für Umweltschutz oder auch an die Landesinnungsverbände, Industrie- und Handelskammern oder Handwerkskammern.

Entsorgung von Produktresten

Die gesetzlichen Grundlagen fordern, daß jeder, der Abfall verursacht, das »Gesetz über die Vermeidung und Entsorgung von Abfällen (Abfallgesetz – AbfG)« beachtet. Es besagt in seinem § 2, daß Abfälle zu entsorgen sind, ohne das Wohl der Allgemeinheit zu beeinträchtigen. Demzufolge sind an die Entsorgung von Abfällen aus gewerblichen oder sonstigen wirtschaftlichen Unternehmen oder öffentlichen Einrichtungen, die nach Art, Beschaffenheit oder Menge in besonderem Maße gesundheits-, luft- oder wassergefährdend, explosibel oder brennbar sind, besondere Anforderungen zu stellen. Für diese Abfälle sind spezielle Entsorgungswege vorgesehen; sie müssen z.B. auf verschiedenen Deponien gelagert werden.

gesetzliche Grundlagen der Abfallbeseitigung

Die »Verordnung zur Bestimmung von Abfällen nach § 2 Abs. 2 des Abfallgesetzes (Abfallbestimmungsverordnung – AbfBestV)« beschreibt die Arten von Abfällen. So werden hier z.B. Holzabfälle mit vorwiegend anorganischen Verunreinigungen ebenso definiert wie beispielsweise Polierwolle und -filze mit schädlichen Verunreinigungen. Wenn bei einem Abfallerzeuger jährlich mehr als 500 kg dieser Abfälle entstehen, kommen die gesetzlichen Verfügungen mit ihrer Pflicht zur gesonderten Erfassung und zum Entsorgungsnachweis zur Anwendung. Privatpersonen werden von den gesetzlichen Regelungen nicht betroffen; sie haben keinen Entsorgungsnachweis zu führen. Hier wird das Problem auf den kommunalen Entsorgungsbetrieb verlagert, bei dem der Sondermüll abzuliefern ist.

In der »Zweiten Allgemeinen Verwaltungsvorschrift zum Abfallgesetz (TA Abfall)« sind die Arten der Entsorgung vorgegeben (z.B. Hausmüllverbrennungsanlage, Verbrennungsanlage für besonders überwachungsbedürftige Abfälle, oberirdische Deponie oder Untertagedeponie). Diese Entsorgungswege sind für den Abfallerzeuger obligat, sofern die Abfallmenge vom Gesetz erfaßt wird.

Abfälle und Reste von Naturfarben sind von Seiten ihrer Inhaltsstoffe dem Hausmüll vergleichbar und könnten sogar kompostiert werden.[30] Doch leider differenziert das Gesetz nicht zwischen Naturfarben und konventionellen Produkten, so daß sich in der Regel weder Hausmüll noch Kompost als Entsorgungsnachweis eignen. Dieser inhaltlich nicht zu rechtfertigende Mißstand, daß harmlose und leicht abbaubare Produkte überflüssigerweise die ohnehin überlasteten Entsorgungspfade zusätzlich belasten, müßte durch entsprechende Ausnahmeregelungen für Naturfarbenreste dringend abgestellt werden. Ein führender Naturfarbenhersteller hat sich – unterstützt durch eine Empfehlung eines renommierten Ökologieinstitutes und durch neutrale Gutachten zur problemlosen Abbaubarkeit der Inhaltsstoffe – um eine solche Regelung intensiv bemüht. Vorläufig ohne Erfolg – nach Aussage der Behörde sind die anfallenden Abfallmengen zu gering. Mit anderen Worten: Nur wenn man ganz besonders viel problematischen Abfall erzeugt, kommt man für eine solche Sonderregelung in Frage!

Mißstand bei der Bewertung von Naturfarbenabfällen

Aufgrund der genannten Verordnungslücke müssen Naturfarben also einstweilen folgenden Abfallschlüsseln zugeordnet werden:

vorläufige Abfallschlüssel für Naturfarben

Laugen und Laugengemische (z.B. Alkali-Abbeizpaste)	52402
Lösemittelgemische, ohne halogenierte organische Lösemittel	55370
Lösemittel-Wasser-Gemische, dito	55374

Lösemittelhaltige Schlämme, halogenfrei	55402
Lack- und Farbschlamm	55503
Anstrichmittel (z.B. intakte brauchbare Naturfarbenprodukte)	55508
Lackierereiabfälle, nicht ausgehärtet	55510
Altlacke, Altfarben, nicht ausgehärtet	55512

Alle oben aufgeführten Reste sind besonders überwachungsbedürftige Abfälle (im allg. Sprachgebrauch als Sonderabfälle oder Sondermüll bezeichnet). Sie sind daher auch als Sondermüll zu entsorgen – bei Mengen unter 500 kg/Jahr durch den kommunalen Entsorger, sonst vom Abfallerzeuger selbst. Bei näherem Hinsehen entpuppen sich bis auf Alkali-Abbeizpaste alle diese Abfälle als lösemittelhaltig oder als Schlamm bzw. »nicht ausgehärtet« (was gleichbedeutend ist mit lösemittelhaltig). Entfernt man die Lösemittel, kann man keinen Abfallschlüssel mehr zuordnen. Das heißt praktisch, daß nach Verdunsten der ätherischen Öle (was sie auch ohne die Nutzung in Naturfarben getan hätten) die Reste kein Sondermüll mehr sind und zum Hausmüll gegeben werden können. Man kann nun Produktreste im Gebinde so lange offen stehen lassen, bis sie eingetrocknet sind. Besser jedoch – vor allem, wenn sie bereits etwas zähflüssiger geworden sind – lassen sie sich z.B. auf einer Kunststoffolie oder gar einem alten Backblech ausbreiten und an der Luft trocknen; Sonnenschein beschleunigt den Trocknungsprozeß. Anschließend lassen sie sich über den Hausmüll entsorgen. Entsprechendes gilt sinngemäß für Gebinde, die Produktreste enthalten.

Dennoch: Naturfarbenreste praktisch Hausmüll

Werkstoff- und Gerätekunde

Holz als Roh- und Werkstoff: Technische und physikalische Eigenschaften

Holz tritt als Naturstoff und gewachsenes, strukturiertes Material mit seiner Umgebung in Wechselwirkung. Diese wird durch verschiedene typische Eigenschaften des Holzes beeinflußt. Kenntnisse einiger Eigenschaften, des Holzaufbaus und der Funktion der Holzbestandteile sind unerläßlich für das Verstehen der Vorgänge bei der Oberflächenbehandlung von Holz und der Vorgänge beispielsweise bei der Alterung von Holzanstrichen. Die wesentlichen Eigenschaften, sofern im Hinblick auf die Oberflächenbehandlung mit Naturfarben von Relevanz, seien hier kurz angesprochen.

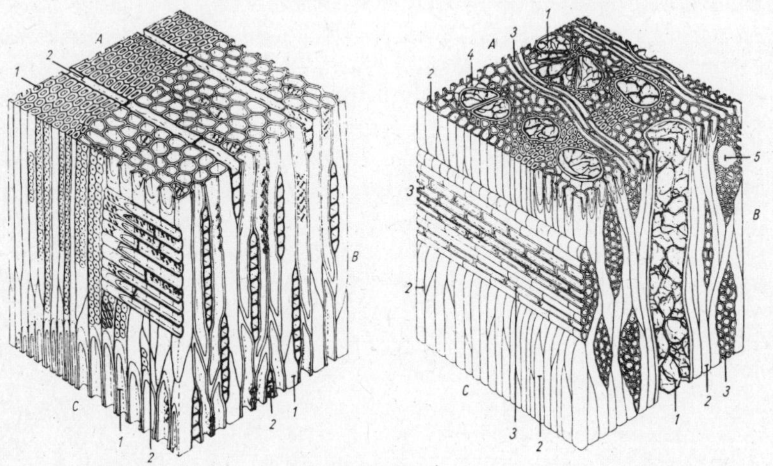

Abb. 33: Anatomischer Aufbau von Holz. Links Nadelholz, rechts Laubholz.
(Nach Oliva aus Langendorf, Schuster, Wagenführ 1976)

Vollholz

Inhomogenität

Der Naturstoff Holz ist aus verschiedenen Zellen aufgebaut und enthält regelmäßig und unregelmäßig angeordnete Hohlräume; in Abb. 33 lassen Querschnitt (A), Tangentialschnitt (B) und Radialschnitt (C) diverse Arten von Holzzellen (1 – 5) erkennen. Die auffälligsten Kennzeichen dieser Inhomogenität sind die Jahresringe. Sie lassen sich oft mit bloßem Auge wahrnehmen und geben sich bei näherer Betrachtung als Zellen unterschiedlicher Dichte zu erkennen. Nadelhölzer und einige Laubhölzer weisen im allgemeinen gut sichtbare Jahrringe auf, während bei anderen Laubhölzern diese Struktur wenig ausgeprägt ist. Bei vielen Tropenhölzern können die Jahresringe ganz fehlen, wenn nämlich das Dickenwachstum des Baumes sich ununterbrochen fortsetzt und keine Vegetationsruhe wie bei uns im Winter vorhanden ist.

In Abhängigkeit von Holzart, Wuchsort, Klima etc. schwankt die Art und Verteilung von Holzzellen und der Zellhohlräume stark. In erster Linie hat die Schwankung Einfluß auf die Rohdichte und die mechanischen Eigenschaften; doch auch die Aufnahme von Flüssigkeiten und die Oberflächenbehandlung werden beeinflußt. Die räumliche Ausrichtung der Zellen im Holzkörper sorgt für eine starke Richtungsabhängigkeit der physikalischen Eigenschaften: Quer zur Faser ist ein anders ausgeprägtes Verhalten festzustellen als längs zur Faser; dies betrifft z.B. die Aufnahmefähigkeit für Flüssigkeiten, wo sich Hirnholz als erheblich saugfähiger erweist als Längsholz. Es fällt zudem auf, daß Laubhölzer wie z.B. die Eiche im Vergleich mit Nadelhölzern deutlich sichtbare, relativ große Hohlräume besitzen. Diese großvolumigen Hohlräume nennt man Poren.[31]

Holz und Feuchtigkeit

Die verschiedenen Zellhohlräume in der Holzsubstanz liegen in der Größenordnung von 1 µm bis 500 µm. Die Zellwände selbst sind durchsetzt von einem weitverzweigten Mikroporensystem, das Kapillaren der Größenordnung von 1 nm bis 10 nm einschließt. Diese strukturellen Feinheiten führen zu einer enorm großen inneren Oberfläche (die für Zellulose – einer der Hauptbestandteile der Holzsubstanz – mit 6×10^6 cm^2/cm^3 angegeben wird[32]) mit der Folge einer großen Affinität zu Feuchtigkeit. Jeder kennt die Auswirkungen: Unbehandeltes trockenes Holz nimmt begierig flüssiges Wasser auf.

Wasseraufnahme durch Kapillarkräfte

Zunächst erfolgt die Aufnahme von Wasser über kapillaren Zug (das ist der Effekt, der Flüssigkeiten in engen Röhrchen hochsteigen läßt) über die angeschnittenen Zellhohlräume und Poren an der Holzoberfläche. Vor allem bei offenem Hirnholz ist wegen der Vielzahl der angeschnittenen Zellhohlräume eine rasante Wasseraufnahme zu beobachten. Durch Vernetzung der Zellen innerhalb der Holzsubstanz – deren Ausmaß wiederum von der Holzart abhängig ist – wird das Wasser mehr oder weniger rasch im Holzinneren verteilt. Dort wird es direkt in die erheblich kleineren Hohlräume in den Zellwänden, in das Mikroporensystem, weitergeleitet und u.a. durch Kapillarkräfte festgehalten und eingelagert. Sind diese Mikroporen voll, so verbleibt das Restwasser als sogenannte freies Wasser in den Zellhohlräumen stehen. Den Zustand, wenn das Mikroporensystem voll ist, nennt man »Fasersättigung«. Die Menge an Wasser, die Holz bis zur Fasersättigung aufgenommen hat, kann man in Prozent vom völlig trockenen Holzgewicht ausdrücken. Je nach Holzart liegt die Fasersättigung bei etwa 23-35% (Kiefer und Lärche 26-28%, Fichte und Tanne 30-34%, Eiche und Esche 23-25%).[33] Das über die Fasersättigung hinaus aufgenommene Wasser, welches in den Zellhohlräumen stehen bleibt, kann im Extremfall das Trockengewicht des Holzes überschreiten – dies ist z.B. bei Hölzern mit großem Porenvolumen möglich –; daher kann es auch Holzfeuchtegehalte von über 100% geben.

Fasersättigung

Abb. 34: Stammquerschnitt von Nadelholz: Gut zu erkennen sind das helle Splintholz und der dunkle Kern.

von der Luftfeuchtigkeit zur Gleichgewichtsfeuchte

Das Mikroporensystem innerhalb der Zellwände kann nicht nur durch flüssiges Wasser gefüllt werden. Die Affinität von Holz zu Wasser ist so groß, daß es auch durch das Wasser in der Luft, also durch die Luftfeuchte, aufgefeuchtet werden kann. Holz nimmt bei steigender Luftfeuchte aus der umgebenden Luft eine bestimmte Menge Feuchtigkeit auf, bis ein Gleichgewichtszustand zwischen Luftfeuchte und Holzfeuchte erreicht ist. Das funktioniert auch umgekehrt: Bei fallender Luftfeuchte gibt Holz bis zum Erreichen des Gleichgewichtszustands Feuchtigkeit an die Luft ab. Dieser Gleichgewichtszustand wird durch den Begriff »Gleichgewichtsfeuchte« oder »Ausgleichsfeuchte« beschrieben. Jedem Raumklima entspricht daher eine bestimmte Gleichgewichtsfeuchte, welche gemäß dem unterschiedlichen Mikroporenanteil innerhalb der Zellwände von Holzart zu Holzart verschieden ist. Als Anhaltswert: In einem Raum von 20 °C nimmt Holz bei 60% Luftfeuchte im Durchschnitt einen Feuchtegehalt von etwa 11-12% an, bezogen auf das Trockengewicht (Kiefer 11,5%, Fichte 11,9%, Eiche 13,0%). Die Erhöhung der Luftfeuchtigkeit auf 100% würde zu einer Erhöhung der Holzfeuchtigkeit auf weit über 20% führen. Es wird in diesem Zustand wiederum die zuvor erläuterte sogenannte Fasersättigung erreicht. Das heißt also, auch durch bloße Sättigung der Luft mit Wasser kann das Mikroporensystem bis zur Fasersättigung gefüllt werden.

Quellen und Schwinden

Im Holzfeuchtebereich unterhalb der Fasersättigung geht mit Wasseraufnahme und -abgabe der Zellwände eine Volumenänderung (der Zellulosefasern) einher. Das führt dazu, daß der gesamte Holzkörper seine Dimensionen ändert: Das Holz »arbeitet«. Wasseraufnahme und Holz-

»Arbeiten« von Holz

feuchteerhöhung führen zur Quellung, Wasserabgabe und Holzfeuchteverringerung (Trocknung) führen zum Schwinden. Weil sich die Luftfeuchte witterungsbedingt oder im Inneren eines Hauses auch nutzungsbedingt permanent ändert, arbeitet Holz also ohne Unterlaß. Dies ist von großer Bedeutung z.B. für das Verhalten von Holz und Beschichtungsmaterial: Wo große Bewegungen zu erwarten sind, sollten keine starren bzw. spröden Anstrichstoffe verwendet werden; hier kann nur ein elastischer Anstrichstoff die Bewegungen mitmachen und für einen langlebigen Anstrich sorgen.

Dieser Prozeß läuft aufgrund der Inhomogenität des Holzes in den drei Raumrichtungen unterschiedlich ab. Die Richtungsabhängigkeit des Quellens und Schwindens führt zu dem bekannten Phänomen, daß in Balken und anderen Holzbauteilen mit relativ großen Querschnitten tiefe Risse (sogenannte Schwindrisse) entstehen und Bretter rund werden (beim Trocknen werden sie auf ihrer rechten, dem Kern zugewandten Seite rund und auf ihrer linken, dem Kern abgewandten Seite hohl; Auffeuchtung über den ursprünglichen Feuchtegehalt hinaus kehrt die Verwölbungsrichtung um.

Abb. 35: Verziehen von Holz durch Schwinden. *(Quelle: Spannagel 1939)*

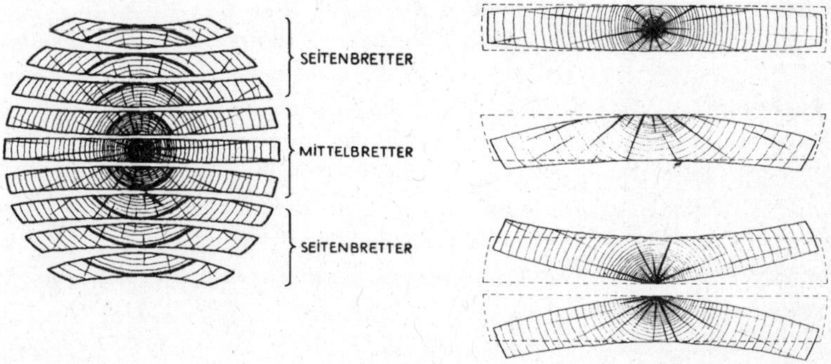

Holz und Organismen

Holzzerstörende und -besiedelnde Organismen benötigen bestimmte Umgebungsbedingungen für ihr Gedeihen. Die Überlebensmöglichkeiten für holzzerstörende Insekten in Holz orientieren sich an Umgebungstemperatur, Holzfeuchtigkeit und vor allem an der Holzart. Bei den Existenzbedingungen für Pilze ist hingegen die Holzfeuchtigkeit das herausragende Kriterium. Kein holzbesiedelnder Pilz vermag sich unterhalb von 20% Holzfeuchte zu entwickeln. Die Lebensbedingungen der Organismen sind in den Tab. 4 und 5 zusammengefaßt

Insekt	Temperatur	Holzfeuchte	bevorzugte Holzart
Hylotrupes bajulus (Hausbock)	11-38 °C	9-60%	Splint v. Nadelholz
Lyctus brunneus (brauner Splintholzkäfer)	bis 32 °C	7-28%	stärkehaltiges helles Laubholz incl. Splint Farbkernhölzern)
Anobium punctatum (gewöhnlicher Nagekäfer)	14-29 °C	12-48%	Nadel- und Laub holz (bei Farbkern hölzern nicht im Kern)

Tab. 4: Entwicklungsbedingungen der wichtigsten holzabbauenden Insekten. *(Nach Grosser 1985)*

Pilz	Holzfeuchte	Temperatur
Serpula lacrimans (echter Hausschwamm)	mind. ca. 20% opt. ca. 30%	3-26 °C
Coniophora puteana (brauner Keller- oder Warzenschwamm)	mind. ca. 20% opt. ca. 50-60%	3-35 °C
Lentinus lepideus (Schuppiger Zähling)	mind. 30-40%	8-38 °C
Gloeophyllum-Arten (Blättlinge)	mind. ca. 20% opt. ca. 40-60%	5-44 °C
Poria-Arten (Porenschwämme)	mind. ca. 20% opt. ca. 40%	3-36 °C
Bläuepilze	30-ca. 120% opt. ca. 30 - 40%	ca. 5-35 °C

Anmerkung: Die für die Entwicklung günstige Feuchtigkeit läßt sich im allgemeinen nicht auf einen exakten Holzfeuchtewert begrenzen; sie weist einen gewissen Spielraum auf. Es werden grundsätzlich warme Temperaturen über 20 °C bevorzugt.

Tab. 5: Entwicklungsbedingungen einiger holzbesiedelnder Pilze. *(Nach Grosser 1985)*

Holzschäden durch Organismen meist überdramatisiert

Holzschäden durch Organismen werden in der Regel überdramatisiert; deren Entwicklungsbedingungen sind üblicherweise nicht gegeben. Pilze lassen sich allein durch das Trockenhalten von Holz fernhalten – s.S. 19-21 und 68-69. Insekten spielen in bewohnten Innenräumen wegen der dort herrschenden geringen Holzfeuchte und aufgrund der meist ungeeigneten Holzarten bzw. der Holzauswahl (Vermeidung von offen zutage liegendem Splintholz) in der Regel keine Rolle mehr. Dies gilt um so mehr, wenn einzubauendes Holz sorgfältig untersucht und ggf. Schadholz aussortiert und verbrannt wird. Insektenbefallenes Holz (möglicherweise in Holzlagern infiziert) ist schadhaft und muß vom Schreiner oder Zimmerer aussortiert werden; erfolgt das nicht, haftet er für alle Folgeschäden und kann vom Auftraggeber verklagt werden.[34]

Holzwerkstoffe

Bei Holzwerkstoffen handelt es sich um verschiedene plattenförmige Produkte, die aus Holzspänen oder -schnitzeln bzw. aus schmalen Vollholzleisten und/oder Furnierschichten bestehen, welche mit Kunstharzen verleimt sind. Prinzipiell also wird Vollholz (sowohl Waldholz, Industrierestholz und Altholz – möglicherweise mit Holzschutzmitteln kontaminiert) zerlegt und unter Zuhilfenahme von Leimen in anderer Konstellation wieder zusammengefügt. Dadurch erreicht man, daß die oben beschriebenen typischen Eigenschaften von Vollholz in ihrer Ausprägung deutlich gemindert werden. Je feinteiliger z.B. Späne oder auch Furnierlagen in einer Holzwerkstoffplatte vorliegen, desto homogener ist der Werkstoff, alle Auswirkungen der Inhomogenität des Vollholzes werden vermieden. Insgesamt werden auf diese Weise technologische und Festigkeitseigenschaften verbessert, so daß z.B. statisch tragfähige flächige Abmessungen aus einem Stück möglich sind (bei Vollholz nicht erreichbar) oder auch bei Feuchtigkeitsschwankungen nur äußerst geringe Dimensionsänderungen auftreten.

Diese Holzwerkstoffe, z.B. Spanplatten, Hartfaserplatten, mitteldichte Faserplatten (MDF) und Oriented Strand Boards (OSB), erlauben die Herstellung flächiger Elemente auf Holzbasis. Sie spielen hier nur eine untergeordnete Rolle. Einerseits wird im ökologisch konsequenten Hausbau und Innenausbau auf Holzwerkstoffe wegen der synthetischen Bindemittel und möglichen Schadstoffabspaltung zugunsten von Vollholz verzichtet. Andererseits werden sie in der Regel nicht im Rohzustand oberflächenbehandelt. Bevor sie dekorative Zwecke erfüllen, erhalten sie, sofern nicht kunststoffvergütet, oft als Deckschicht ein Furnier, werden also mit dünnen Vollholzschichten versehen. Diese ist hinsichtlich der Applizierbarkeit von und der Verträglichkeit mit natürlichen Oberflächenbehandlungsprodukten wiederum so zu bewerten wie Vollholz. Daher ist bei den vorherigen Anwendungsempfehlungen nicht eigens nach Vollholz und Holzwerkstoffen differenziert worden.

Holz als Untergrund von Beschichtungen: Wechselwirkungen zwischen Holz, Klima und Oberflächenbehandlung

Die Eignung von Holz für eine Behandlung mit verschiedenen Naturprodukten zum Färben, Schützen und Pflegen ist grundsätzlich gegeben. Die wichtigste Voraussetzung: Holz muß trocken sein, das heißt die Holzfeuchte darf höchstens 20% betragen. Am besten ist jedoch eine Holzfeuchte um ungefähr 10-12%(bei Innenbauteilen) und etwa 12-15% bei Außenbauteilen. Bei maßhaltigen Elementen, z.B. Fenster und Türen, soll die Holzfeuchte vor der Verarbeitung 13 ± 2% betragen.[35] Zu feuchtes Holz kann zu erheblichen Problemen bei der Untergrundhaftung von Naturharzöl-Produkten führen. Damit steht fest, daß die Holzfeuchte erheblich unter der Fasersättigung liegen muß; auch Holz, welches länger in einem absolut feuchten Klima von 100% Luftfeuchte gelagert hat, muß vor der Oberflächenbehandlung erst wieder trocken werden. Für Bauholz ist die Holzfeuchteeinteilung genormt:

Holzfeuchte

- trocken: Holzfeuchte ≤ 20%,
- halbtrocken: Holzfeuchte > 20-30%
- frisch: Holzfeuchte > 30% .

In der Praxis wird die Holzfeuchte mit einem elektrischen Holzfeuchtemeßgerät bestimmt. Wer kein solches Gerät besitzt, kann sich ggf. in einer nahegelegenen Tischlerei kurzfristig eines leihen. Wenn sich Holz jedoch schon naß anfühlt und erheblich kälter anmutet als ein vergleichbares Holzstück, dann ist es sicherlich zu feucht. Bei Bauholz gibt es noch eine recht einfache Methode, um frisches Holz mit einer Feuchte über der Fasersättigung zu erkennen: Über den Holzquerschnitt wird ein Strich mit einem Kopierstift mittlerer Härte gezogen. Dieser läuft aus, soweit die Holzfeuchte über der Fasersättigung liegt[36]

Auch die Holzart hat einen Einfluß auf die Oberflächenbehandlung. Manche Hölzer sind sehr gut geeignet für jede Art von Oberflächenbehandlung, bei anderen – vor allem bei Tropenhölzern – kann es Einflüsse von Holzinhaltsstoffen (besonders beim Kernholz) geben. Inhaltsstoffe oder Begleitstoffe wie Wachse, Fette, Harze, Farbstoffe oder mineralische Einschlüsse können unter dem Einfluß von Wärme, Licht und Luft (Sauerstoff) erhebliche Veränderungen bewirken. Folgende Probleme sind möglich:

Holzinhaltsstoffe

- Trocknungsverzögernde Substanzen dringen in die Beschichtung ein und führen zu einer erheblichen Verlangsamung der Aushärtung; die Beschichtung kann länger klebrig bleiben und im Extremfall bei stark filmbildenden Produkten wie Lacken und Lasuren auch runzlig werden. Solche Substanzen nennt man inhibierende Inhaltsstoffe.
- Lösemittel extrahieren solche Inhaltsstoffe, die dann an der Holzoberfläche Schleier und Verunreinigungen bilden; es können z.B. helle oder dunkle Flecken oder Streifen in Faserrichtung entstehen.
- Verschiedene Inhaltsstoffe können Verfärbungen in den Beschichtungen hervorrufen; so können sowohl farblose als auch weiße und farbige Anstriche gelblich bis bräunlich verfärbt werden.
- Haftungsprobleme werden von solchen Inhaltsstoffen erzeugt, die die Untergrundhaftung von filmbildenden Beschichtungen verringern (hierzu sind besonders Wachse und Fette in der Lage); das führt zu losen Anstrichbestandteilen an der Oberfläche.
- Harze können bei Temperaturerhöhung (direkter Sonnenschein oder Erhöhung der Raumtemperatur infolge Heizung) flüssiger werden und aus der Oberfläche austreten; es folgen erheblichen Störungen im Oberflächenfilm und teilweise Ablösungen des Anstrichs.

Art und Anteil der Inhaltsstoffe schwanken sowohl zwischen den einzelnen Holzarten als auch innerhalb einer Art und sogar innerhalb des Baumstammes. Bei besonders harzreichen Hölzern und bei denen, die möglicherweise ungünstig wirkende Inhaltsstoffe enthalten können, ist es sinnvoll, vor der eigentlichen Oberflächenbehandlung die Oberfläche mit Löse- und Verdünnungsmitteln kräftig auszuwaschen. Hierzu eignen sich z.B. Pflanzen-Balsamverdünnungen oder Pflanzen-Alkoholverdünnungen.

Inhaltsstoffreiche Holzarten

Leider kann man nicht immer angeben, welches Holz im Einzelfall oder welche Holzart generell immer vorher auszuwaschen ist. Einen Anhaltspunkt für mögliche Problemhölzer mag eine kurze Übersicht geben, die auch der Fachliteratur entnommen werden kann.[37]

Laubhölzer:

Afrormosia:	inhibierende, verfärbende und auf Eisenmetalle korrosiv wirkende Inhaltsstoffe;
Afzelia:	inhibierende und verfärbende Inhaltsstoffe;
Eiche:	verfärbende Inhaltsstoffe, sehr gerbsäurehaltig (bei Eisenmetallen Dunkelfärbung);
Framire:	verfärbende Inhaltsstoffe, gerbsäurehaltig (bei Eisenmetallen Dunkelfärbung);
Kosipo-Mahagoni:	verfärbende Inhaltsstoffe;
Merbau:	verfärbende Inhaltsstoffe;
Niangon:	inhibierende und verfärbende Inhaltsstoffe
Sipo-Mahagoni:	inhibierende und verfärbende Inhaltsstoffe;

Nadelhölzer:

Douglasie (Oregon Pine):	leichter Harzaustritt möglich, verfärbende Inhaltsstoffe;
Fichte:	harzhaltig;
Kiefer:	harzreich, Harzaustritt möglich;
Lärche:	harzreich, Harzaustritt möglich, verfärbende Inhaltsstoffe;
Pitch Pine:	harzreich, Harzaustritt möglich;
Redwood:	verfärbende Inhaltsstoffe;
Western Red Cedar:	leichter Harzaustritt möglich.

Die Auswirkungen des Klimas auf die Eignung von Holzbauteilen, oberflächenbehandelt zu werden, hängt mit der Holzfeuchte zusammen. Im Winter können in zentralgeheizten Räumen durchaus Holzfeuchten von 6-8% auftreten; im Sommer dagegen, bei viel Lüftung mit relativ feuchter Außenluft kann die Feuchte auf Werte von 12% und auch noch darüber ansteigen. Quer zur Faserrichtung entstehen dabei beachtliche Quell- und Schwindbewegungen, die pro Meter Breite je nach Holzart und Schnittrichtung (radial oder tangential) bis zu etwa 10-20 mm betragen können. Natürliche Oberflächenbehandlungsmaterialien überstehen diese Bewegungen – im Gegensatz zu manchen Kunstharzsystemen – dank ihrer natürlichen Elastizität ohne Rißbildung oder vergleichbare Schwierigkeiten. Wenn allerdings das Holz durch die entstehende Spannung an seiner schwächsten Stelle aufreißt – z.B. bei unsachgemäßer Holzauswahl und widerspänigem, drehwüchsigem und astigem Holz oder starker Abweichung im Faserverlauf –, so kann jegliche Oberflächenbehandlung überfordert sein; Mikrorisse sind dann nicht mehr zu vermeiden.

Rißbildung beim »Arbeiten« des Holzes

Ganz besondere Probleme, die ebenfalls mit dem Feuchteverhalten von Holz zu tun haben, kann das dekorative Furnier von Holzwerkstoffplatten machen. Vor allem, wenn es zu feucht verleimt wurde oder wenn der Leim zu viel Wasser enthielt, ist es im zu feuchten – und damit angequollenem! – Zustand festgehalten worden. Durch das Nachtrocknen reißt es dann auf. Bei dickeren Furnieren ist dieses Verhalten ausgeprägter als bei dünnen. Probleme mit der Leimqualität, mit der Furnierauswahl und mit unsachgemäßem Furniervorgang können ebenfalls ähnlich Effekte bewirken, ihre nähere Erörterung soll aber an dieser Stelle nicht erfolgen.

Zu den Wechselwirkungen zwischen Klima, Holz und Oberflächenbehandlung zählt ganz besonders ein Phänomen, welches hier kurz anzusprechen ist. Holz hat, wie beschrieben, aufgrund der strukturellen Feinheiten und der großen inneren Oberfläche eine besondere Affinität zu Feuchtigkeit, aber auch zu anderen in der Luft vorhanden gas- bzw. dampfförmigen Substanzen und Geruchsstoffen. Raumluftfeuchtigkeitsspitzen werden durch Holz abgebaut (eine Holzverschalung in einem schlecht belüfteten Bad kann dafür sorgen, daß z.B. der Spiegel nicht mehr beschlägt), an zu trockene Raumluft wird absorbierte Feuchtigkeit wieder abgegeben, der Geruchs- und Schadstoffgehalt der Raumluft (z.B. bei starkem Rauchen) wir zum Positiven hin reguliert. So kann z.B. 1 m^2 Fichtenholz bei einer Schwankung der Luftfeuchte von 35 auf 65% in 3 Stunden 10 Gramm Wasser aufnehmen; in 12 Stunden werden gar 28 Gramm aufgenommen.[38] Bereits 0,3-0,5 m^2 Fichtenholz pro m^3 Luftraum (ein realistischer Wert bei Decken- und Wandverschalungen) können also auftretende Feuchtigkeitsschwankungen in weiten Bereichen rasch ausgleichen und das Raumklima für die Benutzer in der Zone der Behaglichkeit halten. So kann auch ein Formaldehydgehalt von 1,2 ppm (entspricht dem Rauch von ca. 25 Zigaretten, wenn keine Lüftung erfolgt) in der Luft eines Raumes von 3x4 m (Höhe 2,5 m) bereits durch eine Deckenverkleidung aus Fichtenholz (im Versuch 0,4 m^2 Holzoberfläche/m^3 Raumluft) innerhalb von ca. 3 Stunden auf unter 0,1 ppm abgebaut werden.[39] Diese Wechselwirkung bzw. Teilnahme von unbehandeltem Holz am Gasaustausch mit der Umgebung wird durch Oberflächenbehandlungen beeinflußt. Die raumklimatisch günstige Wirkung von Massivholz wird durch stark filmbildende Anstrichschichten mehr oder weniger deutlich reduziert. Günstig schneiden hier Naturprodukte ab (s.S. 97), wobei die raumklimatische Qualität des Holzes am wenigsten durch eine Oberfläche auf Basis natürlicher Bienenwachse beeinflußt wird.

Luftfeuchteregulierung durch Holz

Adsorption von Schadstoffen

Wesentliche Merkmale natürlicher Oberflächenbehandlungsmaterialien

Inhaltsstoffe für natürliche Oberflächenbehandlungsmittel

Naturfarben und ökologisch konsequente Anstrichstoffe werden – wie konventionelle Anstrichstoffe auch – grundsätzlich entsprechend der vier Prinzipien Färben, Binden, Lösen und Wirken entwickelt. Sie bestehen daher aus den Hauptkomponenten Bindemittel (Was klebt), Pigmente (Was färbt), Lösemittel (Was verflüssigt) sowie Additive und Wirkstoffe (Was wirkt):

• Bindemittel; sie bleiben als Öl und Harz auf dem oder im zu behandelnden Holz zurück, verbinden die Pigmente untereinander, sorgen für Haftung am Untergrund und erzeugen – bei farbigen Produkten zusammen mit den Pigmenten und Füllstoffen – den Oberflächenfilm. Als Bindemittel fungieren u.a. Bernstein, Bienenwachs, Carnaubawachs, Colophonium, Dammar, Holzöl-Standöl, Lärchenharz, Leinöl und Schellack.

• Pigmente und Füllstoffe; sie geben der Oberflächenbehandlung vor allem Farbe, Fülle und ihr optisches Erscheinungsbild und sorgen zusammen mit den Bindemitteln für den Oberflächenfilm. Mineralische Pigmente und Füllstoffe sind z.B. Erdfarben wie Umbra, Englischrot oder Ocker, Kreide und Talkum.

• Lösemittel; sie lösen die Bindemittel, verdünnen die gesamte Mischung und bringen den Anstrichstoff so in eine verarbeitbare Konsistenz. Hier werden natürliche ätherische Öle genutzt, zumal es im Laufe der Evolution zahlreiche feine wechselseitige Anpassungsprozesse zwischen diesen ätherischen Ölen und den Organismen gegeben hat, so daß hier keine unkalkulierbaren Risiken bestehen können. Als Lösemittel werden eingesetzt: Alkohol, Balsamterpentinöl, Citrusschalenöl, Wasser.

• Additive und Wirkstoffe; sie verfeinern die Tauglichkeit der Produkte und beeinflussen spezielle Anstricheigenschaften (wie Verlauf, Trocknung oder Glanzgrad) bis hin zur konservierenden und ggf. holzschützenden insektiziden und pilzwidrigen Ausstattung. In Naturfarben werden u.a. zugesetzt: mineralisches Borax, Eucalyptusöl, Kalzium-Kobalt-Zirkonium-Trockner, Lavendelöl, Quellton, Weizenmehl und Zirbelkiefernöl. Abb. 40 (s.S. 109) zeigt typische Rohstoffe für Naturfarben.

Vorteile der konsequenten Naturfarben

Natürliche Harze und Öle sind in der Regel kleinmolekularer als synthetisch hergestellte Polymere (sogenannte Riesenmoleküle). Während die polymeren Kunstharze auf der Holzoberfläche aufliegen, weil sie nicht in das Kapillarsystem des Holzes hineinpassen, können natürliche Harze und Öle wegen ihrer kleinen Moleküle ins Holz eindringen. Abb. 36 zeigt die Eindringtiefe von konventionellen Imprägniergrundierungen in Holz bei bei einer üblichen Tauchbehandlung (hier von Fensterprofilen) – dabei zeigen die schwarzen Säulen die Eindringtiefe in die Längsholzseite und die offenen Säulen die Eindringtiefe in Hirnholz (1: farblose Imprägnierung, 2: Tauchlasur Teak, 3: weißer Fenstertauchgrund). Zu beachten ist: Die maximale Eindringtiefe

Eindringvermögen

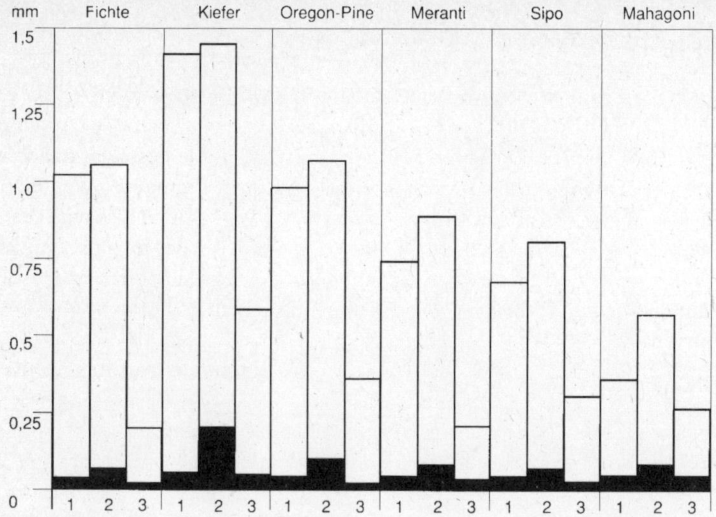

Abb.36: Eindringtiefe konventioneller Imprägniergrundierungen in Holz bei Tauchbehandlung und anschließender Lufttrocknung. *(Quelle: Apel, Hantschke 1982)*

bei Kiefer, einer gut saugfähigen Holzart, in das extrem saugfähige Hirnholz beträgt etwa 1,5 mm, in Längsholz etwa 0,25 mm; man beachte auch, daß es sich hier um eine Imprägniergrundierung handelt, also um ein Produkt, welches speziell zum Eindringen in Holz erzeugt worden ist. Ein Naturharzöl-Imprägniergrund erreicht und übertrifft diese Tiefen mühelos: Bereits einmaliges Tauchen von kurzer Dauer (etwa 15 Sekunden) führt bei trockenem Kiefer-Hirnholz zu Eindringtiefen von 3-5 mm, zweimaliges Streichen (»naß in naß«) auf Längsholz mit Aufbringmengen von rund 100 ml pro m² Holzoberfläche führt zu Eindringtiefen von etwa 2 mm. Abb. 37 zeigt deutlich die über Hirnholz erreichbaren Eindringtiefen bei Buche (diese Holzart ist hier wegen des besseren Kontrasts gewählt worden): Nach rund 10 Minuten werden durchschnittliche Eindringtiefen von 10 mm und Spitzenwerte von 40 mm erreicht. Erst nach dem Eindringen setzt mit der – relativ langsamen -Trocknung das ein, was bei den Kunstharzen bereits in der chemischen Retorte geschieht: die Vernetzung der kleinen Teilchen zu größeren und festeren Gebilden. Es ergibt sich eine tiefere Imprägnierung der Holzsubstanz mit Bindemitteln, welche wiederum verschiedene Vorteile besitzt (Verankerung im Untergrund, ausgezeichnete Untergrundhaftung, kein Abplatzen, gute Wasserabweisung etc.).

Verankerung im Untergrund

Die relativ kleine Molekülstruktur und das ausgezeichnete Eindringvermögen sorgen dafür, daß der fertige Anstrich auf eine Weise mit dem Untergrund verzahnt und verbunden ist, wie es bei einem reinen Kunstharz nicht denkbar wäre. Das Ergebnis dieser Verankerung ist eine ausgezeichnete Witterungsfestigkeit und Untergrundhaftung, die auch bei gealterten Anstrichen kein Abplatzen – Zeichen einer Versprödung von Kunstharzanstrichen und unzureichenden Haftung am Untergrund – zuläßt.

Abb. 37: Eindringtiefe von Natrurharzöl-Imprägniergrund in Buche- Hirnholz.

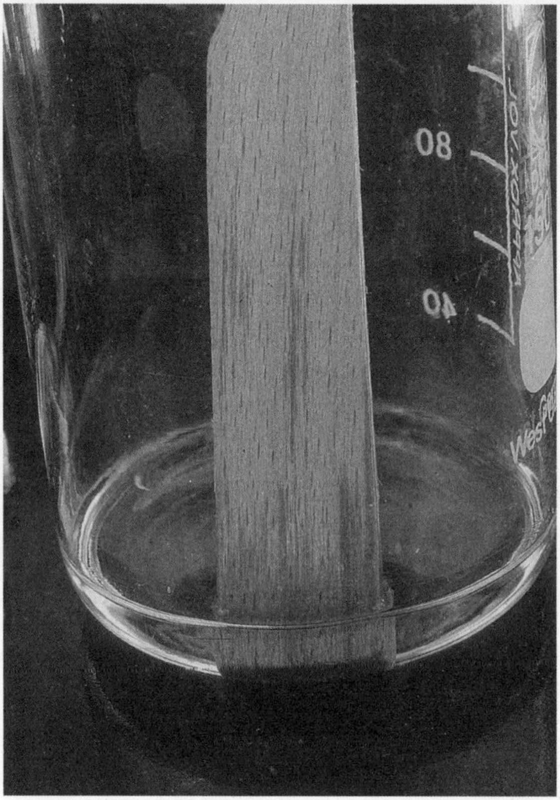

Dampfdiffusion

Die großmolekulare Struktur der Kunstharzfilme stellt für Luftgase, Luftfeuchtigkeit und weitere Begleitstoffe der Luft häufig eine massive Sperre dar. Eine positive Wechselwirkung und ein sogenannter Gasaustausch zwischen Holz und Raumluft wird unterbunden bzw. zumindest stark reduziert. Hiermit gehen eine Reihe bauphysikalischer und baubiologischer Nachteile einher. Natürliche Anstrichsysteme hingegen sind diffusionsfähiger (manche benutzen den unzutreffenden Begriff »offenporig«); Holz als sorptionsfähiges Material wird in seiner Aufnahmefähigkeit nicht wesentlich eingeschränkt, so daß z.B. Wasserdampf ohne nennenswerte Beeinträchtigung aufgenommen und wieder abgegeben wird. Dem Holz kann z.B. so ein kurzzeitiger Ausgleich von Luftfeuchtigkeitsspitzen, übermäßigen Gerüchen oder gar Schadstoffkonzentrationen der Raumluft ermöglicht werden. Zudem kann in Holz eingedrungenes Wasser wieder abgegeben werden und wird nicht eingesperrt – was besonders für Außenbauteile zu beachten ist, die einer hohen Auffeuchtung unterliegen können (z.B. Schwellenhölzer im konstruktiven Holzbau).

keine elektrostatische Aufladung

Oberflächen können sich durch Reibung elektrostatisch aufladen. Man kann diesen Effekt besonders an den Entladungsfunken und am Knistern beim Überstreifen eines Pullovers aus Kunstfasern feststellen; auch der leichte elektrische Schlag, den man nach dem Begehen eines Kunststoffteppichbodens z.B. an einer metallenen Türklinke erhält (wenn nämlich infolge des Erdschlusses durch den menschlichen Körper eine kleiner Strom von der geladenen Fläche zur Erde hin fließt), ist ein Effekt solcher Aufladungen. Je weniger leitfähig Oberflächen sind, desto größer ist die entstehende Ladung. In der Regel sind hochmolekulare Polymere und Kunstharzbindemittel ausgezeichete Isolatoren, d.h. Nichtleiter. Kunstharzlackierte Oberflächen laden sich elektrostatisch bereits durch die einfache Reibung der vorbeistreichenden Luft (insbesondere bei Vorhandensein der üblichen Konvektionsheizungssysteme) und erst recht durch Reibung im täglichen Gebrauch auf. Es können sich ohne weiteres beachtliche Feldstärken mit Ladungen von mehreren 10.000 Volt/Meter ergeben. Die Folge solcher Aufladungen sind ein sehr ungünstiges Elektroklima im Raum – es entsteht ein elektrisches Gleichfeld, das von den natürlichen Verhältnissen wesentlich abweicht – und eine Neigung solcher Oberflächen, zu verstauben und zu verschmutzen, weil alle Partikel in der Raumluft, die gegensinnig geladen sind, von diesen Oberflächen angezogen werden. Natürliche Bindemittel besitzen diese relativ starke Isolatorwirkung und die elektrostatische Aufladung in der Regel nicht. Sie sind Halbleiter, die elektrostatische Ladungen relativ leicht abführen, ohne jedoch die elektromagnetische Wirkung einer Metallfläche zu besitzen (Antennenwirkung, Faradayscher Käfig). Vor allem mit Bienenwachsen kann eine geradezu antistatische Wirkung erzielt werden (erkennbar z.B. daran, daß gewachste Oberflächen weniger verstauben), wovon sogar Kunststoffflächen profitieren können.

Sinneshygiene

Grundsätzlich ist es synthetischen Überzugsmitteln eigen, Holz von den sinnlichen Wahrnehmungsfähigkeiten der Benutzer abzusperren. Man sieht zwar die Holzstruktur (z.B. bei einem synthetischen Klarlack), schmeckt, riecht und fühlt aber nur Kunststoff. Dem Menschen wird jeder sinnliche Zugang zum Holz verwehrt. Für »abgebrühte« Erwachsene, deren Sinne ohnehin schon mannigfaltig korrumpiert sind, mag hier kein zusätzlicher Schaden entstehen. Wenn man aber bedenkt, daß auch Kinder ihre Sinne an solchen Objekten schulen, ergeben sich doch starke pädagogische Bedenken. Was lernt ein Kind von Holz, wenn es bei seinen prägenden ersten Erfahrungen beispielsweise Lackgeruch in der Nase hat. Naturfarben – und hier vor allem die Bienenwachsprodukte – erlauben den Sinnen einen Zugang zum Holz. Als Beispiel genügt die leicht zu erlangende Erfahrung am konkreten Objekt: Ein mit Naturharzöl-Imprägniergrund eingelassenes und mit Bienenwachs-Streichbalsam veredeltes Holzspielzeug ist geradezu ein »Handschmeichler« mit matt schimmernder Oberfläche. Der Charakter des Holzes wird nicht verfälscht, sondern hervorgehoben, belebt und vertieft. Der Duft des Holzes wird nicht abgesperrt, sondern von holzverwandten Duftstoffen begleitet.

Nachteile der konsequenten Naturfarben

Trocknung

Die verwendeten pflanzlichen Öle und Harze trocknen – über die Abgabe der ätherischen Öle hinaus – durch Aufnahme von Sauerstoff aus der Luft. Diese Oxidation benötigt, obwohl sie durch einen kleinen Zusatz von Trockenstoffen (siehe unten) beschleunigt wird, seine Zeit, zumal es sich hier um relativ kleine Moleküle handelt, die sich erst zu größeren Gebilden vernetzen müssen. Meist dauert es einen Tag, bis der Öl-Harz-Film bis zum Untergrund mit Sauerstoff angereichert ist und sich so vernetzt hat.

Dies wird oft als Nachteil gegenüber konventionellen Produkten ausgelegt, die, bedingt durch ihre spezifische chemische Zusammensetzung und mögliche synthetische Härterzugaben, in relativ kurzer Zeit (bis hin zu Minuten) durchgetrocknet sind; das entsprechende Holzteil kann dann natürlich schon relativ früh weiterbearbeitet werden. Man muß sich jedoch vor Augen halten, daß die Trocknung (d.h. die Oxidation) auch bei konventionellen Beschichtungen nicht aufhört; sie geht, wenn auch stark verlangsamt, weiter, Monat für Monat, Jahr für Jahr. Die Anstrichschicht wird immer trockener, d.h. immer spröder. Schließlich ist der Anstrich so spröde, daß er bereits bei relativ geringer mechanischer Beanspruchung abplatzt. Als Faustregel kann man festhalten: Je rascher ein Anstrichstoff nach der Applikation trocknet, desto intensiver tritt die spätere Versprödung ein. Langsam trocknende Anstriche hingegen haben später keine bzw. nur eine äußerst geringe Neigung zum Verspröden und Abplatzen.

Die relativ langsame Trocknung ermöglicht, sofern die Molekülstruktur dies zuläßt, auch ein tiefes Eindringen in die Holzsubstanz und damit eine bessere Vernetzung mit dem Untergrund (siehe vorn). Schnelltrocknende Systeme haben weniger Zeit zum Eindringen ins Holz und werden daher weniger innig mit dem Untergrund verbunden. Zudem wird die Elastizität des Anstrichs – wichtig bei thermisch bedingten Spannungen in der Anstrichschicht und bei Dimensionsänderungen des Holzes infolge Feuchteschwankungen – durch die langsame Trocknung positiv beeinflußt. Schließlich sei auch auf den guten Verlauf hingewiesen, der durch eine relativ langsame Trocknung ermöglicht wird. Dies führt bei den pigmentierten Lasuren und Decklacken zu einer gleichmäßigeren Oberfläche (Pinselstriche werden vermieden).

Trockenstoff-Problematik

Die Trocknung durch Oxidation geht für gewöhnlich relativ langsam vonstatten. Organische Kobaltverbindungen – wie im übrigen fast alle entsprechenden Metallverbindungen – beschleunigen die Sauerstoffaufnahme und somit die Trocknung und sind daher unverzichtbarer Bestandteil vieler Anstrichstoffe. Dadurch erst wird die Trocknungsdauer z.B. einer Naturharzöl-Lasur auf praktikable 24 Stunden reduziert. Daher sind in verschiedenen öligen Naturprodukten Kobaltverbindungen als Trockenstoff (Sikkativ) enthalten.

Leider ist es noch nicht gelungen, natürliche Trockenstoffe aus nachwachsenden Rohstoffen zu gewinnen. Als Folge sind auch konsequente Naturfarbenhersteller gezwungen, hier von dem Grundsatz der Natürlichkeit abzuweichen und eine Substanz chemisch-synthetischen Ursprungs zu verwenden. Es wird allerdings kein Kobalt als Schwermetall oder als Salz verarbeitet, sondern man nutzt Oktoate. Dies sind organische Verbindungen, die ein Metallatom innerhalb des komlexen organischen Molekülgerüsts besitzen. Ein Oktoat, welches ein Kobaltatom im Molekülinneren trägt, heißt Kobalt-Oktoat. Mit metallischem Kobalt oder Kobaltsalzen hat diese Verbindung nichts zu tun – mit gleichem Recht wäre sonst auch das Vitamin B_{12} (chemisch $C_{63}H_{90}N_{14}O_{14}PCo$) als gefährdend einzustufen, denn es enthält ebenfalls ein Kobaltatom im Inneren seines organischen Moleküls (Abb. 38). Unter den verschiedenen möglichen Metallen ist gerade Kobalt ausgesucht worden, da es ein physiologisches Metall und – wie gesagt – im Vitamin B_{12} als Spurenelement essentiell enthalten ist. Evtl. Überschüsse von Kobaltverbindungen in Organismen, sofern überhaupt dort hinein gelangt, können daher wieder abgebaut werden (ganz im Gegensatz z.B. zu Bleisikkativen).

Vitamin-B_{12}-Analogie der Trockenstoffe

Selbstverständlich können solche trockenstoffhaltigen öligen Produkte auch für die Oberflächenbehandlung von Holzflächen eingesetzt werden, die mit Lebensmitteln in Kontakt kommen; die Eigenschaften von so behandelten Oberflächen werden durch den Gehalt an organischen Kobaltverbindungen in gesundheitlicher Hinsicht nicht beeinträchtigt.

Kratzfestigkeit

Konventionelle Produkte können durch entsprechende Rezepturen und spezielle synthetische Bindemittel eine ganz besondere Strapazierfähigkeit erreichen. Somit kann für mechanisch sehr stark belastete Bereiche eine besondere Leistungsfähigkeit gewährt werden. Oft wird diese Eigenschaft mit dem Begriff »Kratzfestigkeit« umschrieben. Beliebt sind solche »kratzfesten« Lacke beispielsweise für die Versiegelung von Fußböden. Leider wird dabei suggeriert, daß solche Lacke auch tatsächlich nicht verkratzen. Dies ist jedoch unzutreffend. Kratzfeste Lacke im eigentlichen Sinne gibt es nicht. Auch sehr harte Versiegelungslacke beispielsweise für Fußböden und Treppen bekommen Kratzer (bereits ein kleines Steinchen unter dem Schuh kann eine makellose Oberfläche ruinieren), daher können auch sie bei intensiver Benutzung in relativ kurzer Zeit gebraucht und unansehnlich aussehen.
Naturharzöl-Lacke und -Lasuren erreichen diese hohe mechanische Härte und Festigkeit in der Tat nicht, folglich kann mit ihnen beispielsweise ein Fußbodensiegel oder eine harte Sitzmöbellackierung auch nicht gleichwertig ersetzt werden (ebenso sind mit ihnen Industrielackierungen z.B. als Silobeschichtungen oder für Lagerhallenböden nicht möglich). Wo es im Haus wegen hoher mechanischer Belastung also auf eine besondere Strapazierfähigkeit ankommt (z.B. bei Fußböden oder auch bei stärker belasteten Regalböden), muß man daher mit stärker ausgeprägten Benutzungsspuren rechnen, sofern die filmbildenden Naturharzöl-Lacke oder -Lasuren verwendet werden.

Einen Ausweg aus diesem Dilemma bieten gewachste Oberflächen. Sie können bei Kratzern, Benutzungsspuren oder Verletzungen lokal begrenzt und ohne Ansatz zur Umgebung wieder ausgebessert werden. Damit sind sie sogar

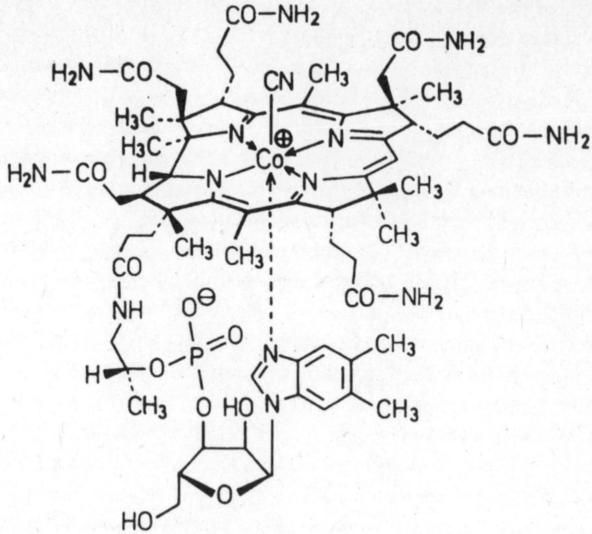

Abb. 38: Strukturformel des Vitamin B_{12}, unter dem man allgemein das Cyanocobalamin versteht. (Quelle: Falbe, Regitz 1992)

»kratzfesten« konventionellen Lacken überlegen.

Insgesamt kann rasch widerlegt werden, daß bei einer Holzoberflächenbehandlung mit Naturprodukten die Oberflächengüte für die Praxis völlig unzureichend ist (wie von Ewiggestrigen immer noch behauptet wird). Denn »nur wenige Fremdstoffe verursachen ernste Beschädigungen bei Bio-Oberflächen«, wie es in einer Untersuchung der Fachschule für Holz in Stuttgart-Feuerbach heißt (damals wurde noch das eigentlich unzutreffende Präfix »Bio-« verwendet). Bei einer Zimmerdecke, einer Wandverkleidung oder einem Möbel treten im täglichen Gebrauch derartig verschärfte Prüfbedingungen ohnehin nicht auf. Liegt eine gewachste Oberfläche vor, so kann sie zudem problemlos wieder hergestellt werden, falls es wirklich einmal zu einer Beschädigung gekommen ist. »Geringfügige Makel können unkompliziert beseitigt werden«, so ein Zitat aus der Zusammenfassung des Untersuchungsberichts der Fachschule für Holz in Stuttgart-Feuerbach.[40]

Einschränkung der Farbenwahl

Mit Erd- und Mineralfarben der konsequenten Naturfarbenhersteller kann nicht jeder beliebige Farbton ermischt werden. Leuchtgelb, signalrot, himmelblau oder minzgrün beispielsweise stehen den Naturfarbenanwendern nicht zur Verfügung, da diese Farbtöne in der Natur nicht vorkommen bzw. mit den dort vorhandenen Stoffen nicht ermischt werden können. Dies bedeutet eine Einschränkung in der Farbtonwahl. Die Machbarkeit eines jeden beliebigen synthetischen Farbtons setzt voraus, daß Synthesefarbstoffe im chemischen Sinne möglichst rein dargestellt werden. Physikalisch gesehen bedeutet diese Reinheit ein relativ einfaches, stets gleichbleibendes Reflexionsspektrum. Diese Farben wirken wie reine Spektralfarben, völlig monoton, aber in ihrer Monotonie extrem intensiv. Das gleichbleibende Reflexionsspektrum ermöglicht zudem die jederzeitige exakte Reproduzierbarkeit eines bestimmten Farbtones und die jederzeitige genaue Farbtondefinition.

Die Folge dieser jederzeitigen Reproduzierbarkeit, der Monotonie synthetischer Farbpigmente ist, daß ein echtes Farbengespräch, ein Kommunizieren zweier Farbtöne in der Regel unmöglich ist. Laien erkennen die Extremfälle dieser Isoliertheit als das »Sich-Beißen« zweier Farbtöne. Nur durch gezielte Verschmutzung der chemischen Reinheit des Synthesepigmentes läßt sich eine Illusion von Verträglichkeit herstellen. Zudem läßt sich medizinisch nachweisen, daß der Mensch bei einseitiger und unnatürlicher spektraler Zusammensetzung des auf ihn wirkenden Lichts unbewußt unter Streß gerät. Sein Hormonspiegel verändert sich.

Naturfarben hingegen bestehen niemals aus nur einer chemischen Substanz sondern sind gewissermaßen ein Mehrstoffgemisch mit »Verunreinigungen« und einigen dominierenden Inhaltsstoffen. Diese chemische »Unreinheit« führt dazu, daß ihr Spektrum über einen großen Reichtum an sogenannten Nebenvalenzen verfügt: Jede Farbe enthält auch etwas von ihrer Komplementärfarbe. Die benannte Farbe ist jeweils nur vorherrschend, andere Farbtöne schwingen mit. Es ist verblüffend zu sehen, wie zwei Farben, die nach der Theorie einander ausschließen sollen, als Naturfarben wunderbar miteinander harmonieren. Natürliche Farbtöne sind somit äußerst vielfältig; es ist sogar ein kühles Rot, ein kaltes Braun ebenso möglich wie ein warmes Blau und ein warmes Violett.[41]

Preis

Konsequenten Naturprodukten wird häufig ihr hoher Preis vorgehalten. Grundsätzlich steht fest: Sie können nicht billig sein, da im Preis für die wertvollen pflanzlichen Rohstoffe – im Unterschied etwa zu Erdöl – die Kosten der Wiedererzeugung bereits enthalten sind. Würden die sozialen Folgekosten herkömmlicher Chemieprodukte, die von der Umweltbelastung während der Produktion bis zur Abfallentsorgung entstehen, dem Produktpreis hinzugeschlagen, so wären diese wohl gelegentlich unbezahlbar. Bei einem fairen Preisvergleich muß auch immer die Ergiebigkeit in Rechnung gestellt werden, die bei vielen Naturfarbenprodukten ungewöhnlich hoch ist (z.B. gewachste Oberflächen). Somit entspricht zwar oft der Gebindepreis dem der konventionellen Produkte, der geringe Verbrauch pro Fläche macht sie hingegen fast konkurrenzlos preiswert. Dies trifft vor allem auf die Produkte zu, um die es in der vorliegenden Arbeit geht: die öligen und harzöligen Naturprodukte für die Holzoberflächenbehandlung.

Konsequente Naturfarben stets Vorreiter der Ökologiediskussion – auch in der Lösemittelfrage

Konsequente Naturfarbenhersteller gehen bei der Rohstoffkonzeption keine faulen Kompromisse ein, wie es mancher Hersteller tut, der synthetische Lösemittel (z.B. Isoaliphaten und Testbenzin – gelegentlich auch als Wundbenzin bezeichnet) oder synthetische Pigmente (z.B. Sico-Bordo-Rot) unter dem Etikett »Naturfarben« verkauft. Konsequente Naturfarbenhersteller setzen kultivierte Naturprodukte ein, die im Falle der pflanzlichen Rohstoffe sogar einen ideal geschlossenen Kreislauf beschreiben.

wechselseitige evolutionäre Anpassung von ätherischen Ölen und Lebewesen

In diesem Zusammenhang ist kurz auf die kontroverse – und vollkommen überflüssige – Diskussion um die toxikologische und ökologische Bewertung pflanzlicher Lösemittel einzugehen, die manchem Naturfarbengegener als Anlaß dient, das gesamte Naturstoffkonzept in Frage zu stellen. In den konsequenten Naturfarben werden zum Verdünnen der Produkte und zum Lösen von Harzen und Ölen ätherische Öle der Kiefer und der Citrusfrüchte eingesetzt, das Balsamterpentinöl und das Citrusschalenöl. Sie sind rein pflanzlichen Ursprungs und werden durch bloße Destillation (selbstverständlich ohne stoffliche Veränderung) gewonnen. Diese ätherischen Pflanzenöle sind seit Urzeiten Bestandteil der Umwelt – und zwar in riesigen Mengen. Die Natur hatte eine komplette Evolution lang Zeit für die wechselseitige Anpassung von ätherischen Ölen und Lebewesen. Heute trifft man sie vor allem in Nadelwäldern, wo man sie sogar riechen kann (pro Jahr sind, vorsichtig geschätzt, ca. 10^9 Tonnen davon im Umlauf[42]; nach Recherchen der Holzindustrie ist allein Balsamterpentinöl, aus Holzabfällen gewonnen, in der ›alten‹ BRD bis zu 10^6 Tonnen verfügbar, ohne dafür spezielle Kulturen anzupflanzen[43]). Sie werden durch Pflanzen aus der gleichen Menge an Kohlenstoff gebildet, die sie bei Verdunstung und stofflichem Abbau wieder freisetzen. Die Bilanz ist perfekt ausgeglichen; es erfolgt keinerlei Netto-Eintrag in die Umwelt. Der Verbleib in der Umwelt führt weder zu Bodenozon (Sommersmog) noch zum Treibhauseffekt – wer dies abstreitet, muß wegen des ausgeatmeten Kohlendioxids fortan die Luft anhalten, will er einen Beitrag zur Senkung des Treibhauseffekts leisten.

perfekt ausgeglichene Ökobilanz

Im Gegenteil, ätherische Öle sorgen sogar bei den zivilisationsbedingt erhöhten Bodenozon-Werten im Hochsommer für eine Reduzierung der Ozonkonzentration,[44] können aber wegen des raschen stofflichen Abbaus und der raschen Wiedereingliederung in den globalen CO_2-Kreislauf nicht zum Ozonloch beitragen, da sie gar nicht erst in die Nähe der oberen Atmosphärenschichten gelangen. Es hat über Jahrmillionen ein Gleichgewicht zwischen Nadelwäldern (und damit z.B. Balsamterpentinöl) und der Atmosphäre gegeben; erst durch Störung dieses feinen Gleichgewichts durch fossile Energieträger und weitere Stoffe fossilen (Erdöl-)Ursprungs wie synthetische Löse- und Treibmittel ist ein Mechanismus in Gang gesetzt worden, der heute unter den Schlagworten »Treibhauseffekt« und »Ozonloch« bekannt ist. (Auch Testbenzin und Isoaliphaten tragen auf diese Weise zum Netto-CO_2-Eintrag in die Umwelt bei.)

Balsamterpentinöl als Vielstoffgesmisch

Bei Balsamterpentinöl handelt es sich nicht um eine einheitliche Substanz, sondern um ein komplexes Vielstoffgemisch mit je nach Herkunft, Gewinnungsart und Verarbeitung extrem unterschiedlicher Zusammensetzung. Ein Standardwerk über ätherische Öle listet auf 115 Seiten allein 93 verschiedene Sorten von Balsamterpentinöl auf.[45]Dabei gibt es selbstverständlich höchst unterschiedliche Zusammensetzungen, wobei es Stoffgemische gibt, die vollständig voneinander verschieden sind, die aber – weil sie alle unter dem Oberbegriff Balsamterpentinöl gehandelt werden – zu unrecht einheitlich bewertet werden. Einige äußerst minderwertige Sorten (z.B. auch das Sulfatterpentin aus der Zellstoffgewinnung) mit sehr hohen Gehalten an unerwünschten Begleitstoffen wie Δ-3-Caren und durch das Gewinnungsverfahren hineingeratenen Chemikalien wurden in den 40er und 50er Jahren dieses Jahrhunderts bevorzugt eingesetzt, weil sie so billig waren. In dieser Zeit haben diese Sorten wegen ihrer Begleitstoffe und Verunreinigungen eine negative Bewertung erfahren, zumal durch exzessiven Gebrauch (häufiges Waschen großflächiger Hautpartien) Hautprobleme auftauchten. Diese negative Bewertung wird bis heute ungeprüft zitiert und für alle Balsamterpentinölsorten übernommen.

Balsamterpentinöl als Vielstoffgemisch

Daß ein solches Verfahren wissenschaftlich nicht haltbar ist, liegt auf der Hand.[46] Es wird dieses angeblich so problematische Rohstoffgemisch seit Jahrzehnten erfolgreich in Arzneimitteln wie »Wick VapoRub« oder »Pinimenthol®« eingesetzt, immerhin zu 5% (Wick) bzw. 17,78% (Kiefernnadelöl in Pinimenthol®). Diese terpenhaltigen Einreibemittel werden direkt auf die Haut aufgetragen bzw. erwärmt inhaliert.

ätherische Öle in Heilmitteln und Kosmetika

In Österreich hat die Erkenntnis der positiven Eigenschaften von pflanzlichen Lösemitteln bei gleichzeitiger hoher Bedenklichkeit synthetischer Lösemittel zu einem Bundesgesetz geführt, das praktisch nur noch pflanzliche Lösemittel (wie Balsamterpentinöl oder Citrusschalenöl) in Konzentrationen über 10% in Anstrichstoffen zuläßt – alle anderen werden verboten.[47] Dies fordern konsequente Naturfarbenhersteller schon seit langem. Hierzulande beginnen größere Industriefirmen ganz freiwillig, synthetische Lösemittel in Reinigern und fettlösenden Präparaten – z.B. für die Maschinenreinigung – zugunsten pflanzlicher Lösemittel zu ersetzen.[48]

Obwohl es also große Langzeiterfahrungen mit ätherischen Ölen z.B. als Bestandteil von Lebens- und Heilmitteln sowie Kosmetika gibt, sollten überhöhte Konzentrationen in der Atemluft vermieden werden. Natürliche Lösemittel sind allerdings im Organismus i.d.R rascher abgebaut als synthetische Lösemittel; d.h. der Entgiftungsmechanismus der menschlichen Leber funktioniert bei diesen evolutionär vertrauten Lösemitteln ausgezeichnet. Ein weiteres Plus der ätherischen Öle ist ihr Geruch, der bei Überdosierung als Warnsignal dient. Diesen Vorteil haben viele synthetische Lösemittel nicht. Man atmet sie ein, ohne es zunächst zu merken; unbemerkte Schädigungen des Nervensystems – oder zusätzlich auch Nierenschäden bei Isoaliphaten-Einatmung[49] – sind daher besonders leicht möglich.

evolutionäre Vertrautheit

Insgesamt gibt es – in Analogie zum gesamten Naturstoff-Konzept – zu natürlichen ätherischen Ölen als Lösemittel keine Alternative. Dies wird auch durch das Öko-Test-Magazin bestätigt, wo Produkte mit ätherischen Ölen das Etikett »empfehlenswert« bekommen haben, während synthetische Lösemittel wie Testbenzin und Isoaliphaten zur Abwertung führten.[50]

Öko-Test-Magazin: »Empfehlenswert« für ätherische Öle

Der zunehmende Ersatz von konventionellen Lösemitteln durch Wasser stellt in konventionellen Produkten keinen wirklichen Ausweg aus dem

Problemkreis Lösemittel dar. Die ökologischen Probleme werden dadurch in den Bereich der konventionellen Additive verlagert: Lösevermittler (z.B. Glycole), Weichmacher, Filmbildungshilfsmittel, Topfkonservierer, Entschäumer etc. werden plötzlich notwendig (und gelangen in die Raumluft), während sie in lösemittelhaltigen Produkten vorher nicht enthalten waren.

pflanzliche Rohstoffe: geschlossene ökologische Kreisläufe

Der Lebenslauf pflanzlicher Rohstoffe zeigt geschlossene Kreisläufe und eine perfekt ausgeglichene Ökobilanz. Er sei beispielhaft am Dammar aufgezeigt (Abb. 39). CO_2 und Wasser werden für die Harzsynthese verbraucht; die Sonne wirkt, thermodynamisch gesehen, als eine Art Syntropie-Pumpe. Sie bewirkt als wesentlicher energetischer Anstoßgeber, daß aus einfachen molekularen Strukturen (CO_2 und H_2O) sehr komplexe Strukturen werden mit nahezu polymerem Charakter (z.B. Dammar-Harz $C_{20}H_{30}O_2$). Am Ende dieser Kette, nachdem der aus dem Dammar-Harz hergestellte Anstrich beispielsweise von einer Holzfassade abgewittert ist, gehen das gebundene CO_2 und das H_2O wieder in den globalen Kreislauf ein, währenddessen in irgendeinem Dammar-Baum aus der exakt gleichen Menge an CO_2 und H_2O wiederum Dammar-Harz erzeugt wird.

Die Kunst der Naturfarbenproduktion: behutsame Prozesse

Ein wesentlicher Gesichtspunkt wird hier klar: Die Naturfarben-Produktion betreibt keine Chemie im Sinne eines Aufbaus synthetischer Substanzen, sondern sie erhält als Ergebnis der Photosynthese bereits komplexe, technologisch hoch leistungsfähige Substanzen mit hohem energetische und strukturelle Potential. Dieses Potential stellt aber zugleich an »Pflanzenchemiker« – also diejenigen, die sich diese Substanzen von den Pflanzen bzw. der Natur ausleihen – hohe Anforderungen. Sie sind gehalten, dieses natürlich gewachsene Potential durch ihre weitere Arbeit nicht wieder leichtfertig zu zerstören oder auch nur zu denaturieren. Die »Kunst« der Naturfarbenproduktion besteht deshalb darin, mit Respekt vor diesen Strukturen durch behutsame Prozesse einen gebrauchstauglichen Anstrichstoff oder ein Holzschutzmittel zu erhalten.

Fast als Nebeneffekt erscheint die Tatsache, daß eine derartige Produktionsweise praktisch ohne Abfälle auskommt. Innerhalb der Produktion werden z.B. alle Waschlösungsmittel (es sind die ätherischen Öle), Reststoffe, Absaugstäube, organische Reste (Pflanzenteile aus der Farbstoffextraktion) getrennt gesammelt und in die Produktion wieder eingeführt bzw. kompostiert. Zudem werden pflanzliche Rohstoffe – gewissermaßen »automatisch« – nachhaltig gewonnen: Es wird nur soviel verbraucht, wie nachwächst.

Im Sinne einer gesamtgesellschaftlichen Kosten-Nutzen-Analyse ist dieses Verfahren der Rohstoffgewinnung und Produktion sicherlich dasjenige, daß als einziges wirklich zukunftsfähig ist.

Abb. 39: Material- und Energiefluß bei einem Naturharz (Dammar)
(weitgehend geschlossene Stoffkreisläufe, weitgehende Nutzung von Sonnenenergie)

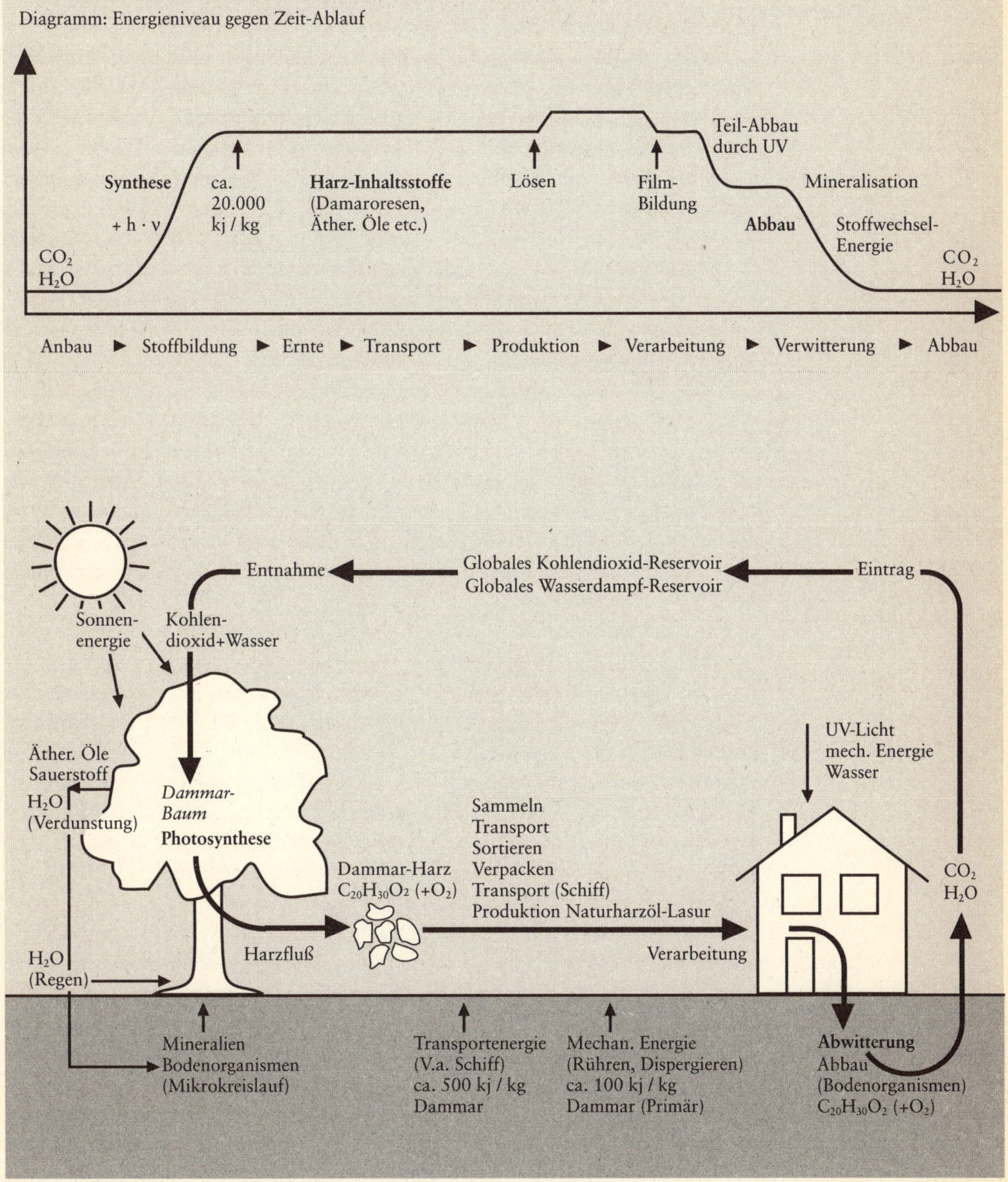

Auftragstechniken

Es gibt zahlreiche Methoden, Holz zu färben, zu schützen und zu pflegen. Die Arbeitstechniken für das Ölen, Wachsen, Lasieren und Lackieren mit Naturprodukten sind – ebenso wie die seit evolutionären Zeiträumen vorhandenen Rohstoffe – teilweise sehr alt; sie gehören zu den ältesten Techniken des Färbens (z.B. pflanzengefärbte Gewebe und Textilien) und der Oberflächenbehandlung (z.B. Höhlenmalerei) überhaupt. Hierzu zählt vor allem das Tauchen und der manuelle Auftrag mit Pinseln. Das klassische Streichen von Holzoberflächen mit dem Pinsel ist auch heute die verbreitetste Methode besonders im Do-It-Yourself-Bereich. Auch das Auftragen und Polieren von Wachsen mit Ballentuch oder Bürste ist eine seit Jahrhunderten bekannte Methode. Eine etwas neuere manuelle Technik – doch aus heutiger Sicht ebenfalls historisch zu nennen – ist die Verarbeitung von Schellacken mit dem Polierballen, das sogenannte »Polieren« oder »Mattieren« von Holzoberflächen. Es erfordert äußerstes Geschick und lange Erfahrung.

Weiterhin arbeitet man heute mit verschiedenen Spritzmethoden, Tauch- und Flutverfahren, sowie Gießen, Walzen etc. Die industriellen Verfahren, denen i.d.R weitere technische Anlagen wie Trockenkanäle und Absauganlagen zu- bzw. nachgeschaltet sind, dienen in erster Linie dazu, Zeit und damit Kosten zu sparen und möglichst viel Fläche pro Zeiteinheit beschichten zu können. Manche von ihnen sind speziell auf verschiedene konventionelle Lacktypen (z.B. UV-härtende Kunststofflacke) zugeschnitten und für Naturprodukte nicht verwendbar.[51]

Grundsätzlich gilt: Werkzeuge, Geräte, Maschinen und Anlagen bzw. deren Teile, die mit den Produkten und Verdünnungs- bzw. Reinigungsmitteln in Kontakt geraten, müssen gegenüber diesen Mitteln verträglich sein. Bei der Pflanzen-Balsam- oder Pflanzen-Alkoholverdünnung und allen Produkten, die ätherische Öle oder Alkohol als Lösemittel enthalten, gibt es i. d. R. keine Probleme. Hier kann es lediglich vorkommen, daß verschiedene Gummi- bzw. PVC-Dichtungen aufquellen; daher ist ggf. Material zu wählen, welches gegenüber Terpenen bzw. – bei Schellacken – Alkohol unempfindlich ist. Voraussetzung für die Verarbeitung wasserverdünnbarer Naturprodukte sind jedoch korrosionsfeste Werkzeuge bzw. Anlagenteile.

Manuelle handwerkliche Verarbeitung

Beim manuellen Verarbeiten von Imprägniergrund, Lasuren, Streichwachsen, Klar- und Decklacken etc. und vor allem für Ausführungen am eingebauten Objekt und bei Renovierungsarbeiten ist das Streichen das gebräuchlichste Anwendungsverfahren. Diese Verarbeitung mit Pinseln – also ohne teure Geräte – ist zudem die einfachste Art, sorgfältig beschichtete Oberflächen zu erreichen. Sie ist zwar etwas zeitraubender als z.B. Spritzverfahren, doch bei etwas Geschicklichkeit sehr unproblematisch. Mit Pinseln wird auch heute noch beispielsweise mehr Lack aufgetragen, als mit allen industriellen Ver-

Abb. 40: Typische Rohstoffe für konsequente Naturfarben

fahren zusammen[52]. Um gute Anstrichergebnisse zu erzielen, ist unbedingt auf gutes Werkzeug zu achten (widrigenfalls kann es z.B. zu ungleichmäßigem Anstrichfilm oder zu Lufteinschlüssen in der Beschichtung kommen).

Verbrauchsmengen beim Streichen

Abhängig von Untergrund und Holzart variiert die Flüssigkeitsmenge, die durch Streichen üblicherweise verarbeitet werden kann. Für relativ dünnflüssige lösemittelhaltige Imprägnierungen sind praxisnahe Werte ermittelt worden. Die Aufnahmemenge durch Streichen von dünnflüssigen Imprägniergrundierungen (in ml/m²) beträgt bei Nadelhölzern in Abhängigkeit von der Oberflächenbeschaffenheit[53]

Arbeitsgang	sägerauh	gehobelt
1	180-220	80-120
2	70-100	40-60

Die filmbildende Verarbeitung beispielsweise von Naturharzöl-Lasuren oder Naturharzöl-Klar- und -Decklacken kann nicht in Zahlenwerte gefaßt werden, da die Mengen zu sehr von der Art der manuellen Handhabung abhängen.

Naturharz-Vorstreichfarbe, Naturharzöl-Weiß- und -Buntlacke können im Walzverfahren verarbeitet werden. Diese Methode setzt sich wegen einfacher Handhabung und größerer Flächenleistung immer mehr durch. Hierzu nimmt man kleine Kunststoffwalzen, auch Lackierrollen genannt. Der Lack wird aus einer flachen Schale oder Farbwanne aufgenommen und der Überschuß auf einem Abrollgitter entfernt. Man kann sehr gleichmäßige Flächen erzielen – vor allem, weil Naturharzöllacke einen hervorragenden Verlauf haben. Die Verwendung von Walzen oder Rollen läßt Flächenleistungen zu, die in der

Regel noch über denen der Spritzverarbeitung liegen.

Es gibt seit einiger Zeit Pinsel und Lackierroller mit automatischer Farbzuführung; sie sind als sogenannte »Farbmeister«-Geräte im Handel. Bei diesen Geräten wird der Anstrichstoff mit einer Pumpe aus dem Originalgebinde über einen Schlauch in das Werkzeug hinein befördert. Auf Knopfdruck am Handgriff tritt er dann zwischen den Pinselborsten oder über die Lackierrolle aus. Diese Technik eignet sich für die Verarbeitung einiger Naturprodukte. Erfahrungen gibt es bereits mit Naturharzöl-Lasuren, Naturharz-Vorstreichfarbe, Naturharzöl-Weiß- und -Buntlacken.

automatische Farbzuführung

Die klassische Schellackverarbeitung zu sogenannten »Polituren« oder »Mattierungen« erfolgt nicht im Spritz- oder Streichverfahren, sondern immer mit einem sogenannte Polierballen oder Mattierungsballen. Ein etwa faustgroßer Kern aus Wolle, Strickwaren oder auch Watte, umhüllt mit einem Leinentuch, wird benutzt. Die Größe dieses Ballens richtet sich nach der Größe der zu polierenden Fläche. Das Ganze faßt man so zusammen, daß ein ballenförmiger Körper entsteht, der zumindest an der Unterseite faltenlos und ohne Naht sein muß. In kleiner Menge gießt man Schellack in den Kern, welcher wieder mit dem Leinentuch verschlossen wird. Leichter Druck auf den Ballen läßt den Schellack aus dem Leinentuch austreten. Durch rasches, gleichmäßiges, sanftes Abreiben der zu lackierenden Fläche wird ein hauchdünner Schellacküberzug aufgebracht. Gute Schellackpolituren können aus 10-20 sehr dünnen Schichten bestehen. Achtung: Hier eignet sich von den fertigen Schellack-Produkten allenfalls Schellack-Klarlack glänzend – und der auch nur stark verdünnt –, da bei anderen Schellackprodukten das enthaltene Mattierungsmittel im Ballen zurückbliebe und die Fläche ungleichmäßig glänzen würde.

klassische Ballenverarbeitung von Schellacken

Die Ballenverarbeitung von Schellacken kann nur von sehr versierten Personen ausgeführt werden. Es erfordert z.T. jahrelange Übung, um gleichmäßige und saubere, glänzende Flächen zu erzielen. Zudem sind vor und nach dem Ballenauftrag verschiedene Zusatzarbeiten notwendig wie Porenfüllen oder die Anwendung von Polierölen, Abpoliermitteln und Bimsmehl. Wer diese Art der Verarbeitung jedoch beherrscht, kann ungemein attraktive Möbeloberflächen mit »weichem, tiefgründigem« Glanz erhalten.

Mit einem Ballentuch werden auch feste Wachsprodukte wie Pflanzen-Hartwachsbalsam oder Lärchenharz-Möbelbalsam aufgetragen. Doch handelt es sich hier nicht um einen Ballen wie bei der Schellackverarbeitung. Dieses Ballentuch für Wachse ist sehr viel einfacher: ein zu einem faust- bis doppelt faustgroßen Knäuel zusammengelegter, nichtflusender, weicher Baumwollappen (z.B. altes Hemd oder auch Unterwäsche). Die Unterseite des Ballens sollte dabei keine Naht oder Falte aufweisen, um einen gleichmäßigen Wachsauftrag zu gewährleisten. Mit dem weichen Ballentuch fährt man in die Wachsdose, um anschließend das Wachs leicht in die grundierte Oberfläche einzureiben. Es darf nur eine hauchdünne Wachsschicht aufge-

Wachsverarbeitung mit Ballentuch

bracht werden. Mit einem gleichen Ballentuch – jedoch sauber und frei von Wachsresten – wird die Oberfläche poliert. Auch Ledereinsatzbürsten – mit einer Kombination von Borsten und Lederstreifen bestückt – sind geeignet, Wachsoberflächen zu polieren. Das Wachsen ist eine der ältesten und gleichzeitig einfachsten und schönsten Möglichkeiten, Hölzern eine seidig schimmernde Oberfläche zu geben.

Naturschwamm für wasserverdünnbare Öle und Wachse

Mit einem einfachen Naturschwamm lassen sich wasserverdünnbare Naturharzöl-Grundierung und wasserverdünnbares Naturharzöl-Wachs verarbeiten. Der Schwamm wird naß gemacht und wieder etwas ausgepreßt, so daß er gut feucht ist. Anschließend wird damit das jeweilige Produkt gleichmäßig auf der Fläche verteilt – es läßt sich mit dem Schwamm in der Tat einfach und ohne Aufwand verarbeiten. Das Ergebnis ist von der Qualität her oftmals noch besser als die Pinselverarbeitung, da man hier keine Pinselstriche sieht.

Bohnermaschinen für Fußböden

Bohnermaschinen (sogenannte Einscheibenmaschinen) eignen sich für die Verarbeitung von Pflanzen-Hartwachsbalsam im Fußbodenbereich. Das Wachs wird in einem Vorwärmgerät verflüssigt und durch ein dünnes beheiztes Röhrchen und eine Düse vor die rotierende Bürstscheibe auf den Fußboden gesprüht. Die Scheibe verteilt das Wachs fein auf der Holzoberfläche. Mit dem gleichen Gerät können gewachste Fußbodenflächen auch poliert werden.

Sehr dicke, nicht mehr fließfähige Massen wie Naturharzöl-Lackspachtel werden mit Spachteln verarbeitet. Dabei werden diese gut füllenden Massen mit einem dünnen Blechspachtel gleichmäßig in bogenförmigen Bewegungen aufgezogen. Als Spachtelwerkzeug eignen sich dünne Metallbleche wie Japanspachtel oder ggf. auch Spachtelklingen oder Spachtelmesser.

Stahlspachtel verwendet man beispielsweise auch für die Verspachtelung von Fugen in Parkettböden. Schleifstaub und Grundierung werden zu einem Kitt zusammengerührt und angeteigt, die Fläche wird bogenförmig abgezogen.

Spritzen – handwerkliche Verarbeitung

Auch das Spritzen ist, dem Grundsatz nach, vielen Naturfarbenanwendern bekannt. Es läßt sich als zerstäubende Technik beschreiben, bei der das zu verarbeitende Material meist durch Luftdruck oder Materialdruck in feine Tröpfchen zerstäubt wird. Diese verteilen sich auf dem zu beschichtenden Untergrund und fließen wieder ineinander. Schon einfache Geräte liefern ausgezeichnete Ergebnisse; man erhält eine gleichmäßige Schichtdicke und glatte Oberflächen und schafft eine größere Flächenleistung als beim Streichen. Bedingt durch Spritzverluste ist allerdings auch ein größerer Materialverbrauch zu berücksichtigen als bei den anderen handwerklichen Verfahren. Es gibt je nach Gerätetyp verschiedene Spritzmethoden. In der Regel handelt es sich um relativ aufwendige Geräte, die nicht ohne Übung anwendbar sind.

Die Art und Weise, wie das zu verarbeitende Material zum Austritt aus der Spritzdüse gebracht wird, unterscheidet verschiedene Verfahren. Zunächst

Spritzgerätetypen

gibt es die Niederdruckverfahren. relativ große Luftmengen – nach dem Staubsaugerprinzip von einem Schaufelgebläse angesaugt und in einem dicken Schlauch zur Pistole geführt – zerstäuben bei geringem Luftdruck von nur 0,2-0,5 bar Überdruck das zu verarbeitende Material durch relativ große Spritzdüsen. Man erreicht nur geringe Schichtdicken (muß daher ggf. mehrmals spritzen) und wegen der groben Zerstäubung nur relativ grobe Oberflächen. Das Niederdruckspritzen ist wenig gebräuchlich und meist bei der Montage am Bau im Einsatz.

Hochdruckspritzen

Das Hochdruckspritzen ist ein bekanntes und noch häufig eingesetztes Spritzverfahren. Der Luftdruck, meist mit einem Kompressor erzeugt, erreicht Überdrücke von bis zu 7 bar, wobei durch die feine, enge Spritzdüse das Material mit hoher Geschwindigkeit austritt. Das Spritzgut kann durch einen Schlauch aus einem externen Vorratsgefäß oder – bei den sogenannte Becherpistolen – aus einem aufgesetzten oder untergehängten Farbbecher zugeführt werden. Für kleinere Objekte genügen einfache Handspritz- oder Becherpistolen. Dies ist die Domäne von Heimwerkern. Größere Arbeiten oder kontinuierliches Spritzen in Handwerks- oder Industriebetrieben erfordert größere Materialmengen und daher die Zufuhr aus einem besonderen, unter Luftdruck von 1-2 bar stehenden Vorratsbehälter (dem sogenannte Materialdruckgefäß).

Die Industrie bietet eine Vielzahl von Hochdruck-Spritzpistolen mit unterschiedlichen Düsensätzen an. Einstellung und Feinregulierung der Pistole sind nach der Bedienungsanleitung der Gerätehersteller vorzunehmen. So läßt sich die Durchsatzmenge regeln; bei vielen Spritzpistolen kann sogar die Form des Spritzstrahls eingestellt werden. Rundstrahl eignet sich besonders für schmale Kanten und kleine, profilierte Flächen, Flachstrahl ist für das Spritzen größerer Flächen vorgesehen (waagerechter Flachstrahl für senkrechtes und senkrechter Flachstrahl für waagerechtes Spritzen).

Heißspritzverfahren für Heißwachs

Heißspritzen ist nur mit Speziallacken möglich. Die gegenwärtig verfügbaren Naturharzöl-Lacke und-Lasuren eignen sich nicht für dieses Spezialverfahren. Ein Naturharzöl-Produkt jedoch kann nur im Heißspritzverfahren verarbeitet werden: das Heißwachs. Hier ist eine sogenannte Heißwachsanlage notwendig; solche Geräte dienen ausschließlich der Spritzverarbeitung von Hartwachsen. Die Anlage besteht aus einer luftzerstäubenden Spritzpistole mit Kunststoffgriff und Rundstrahldüse, einem beheizten Becher, in welchem das Wachs erwärmt und verflüssigt wird, sowie einer Düsenkopfheizung, damit das Wachs beim Spritzen nicht auskühlt. Die Temperatur des Heizbechers kann mit einer elektronischen Steuerung stufenlos eingestellt werden. Bei einem Spritzdruck von 0,5-1 bar entsteht ein feiner, nebelartiger und materialsparender Spritzstrahl. Bei längeren Arbeitspausen von über 10 Minuten muß die Düsenkopfheizung ausgeschaltet werden, da sonst die Pistole sehr heiß wird.

Airless-Spritzen, ein »luftloses« Verfahren unter Höchstdruckbedingungen, ist besonders rationell und ermöglicht daher ein wirtschaftliches Arbeiten. Je nach Verarbeitungsbedingungen wird differenziert nach Niederdruck-Airless-Verfahren, Hochdruck-Airless-Verfahren bzw. High-Volume-Low-Pressure-Methode (HVLP) etc. Das zu verspritzende Material steht unter hohem Druck von 80-250 bar, der von Kolben- oder Membranpumpen erzeugt wird. Die mikrofeine Zerstäubung wird durch den hohen Druck und Spezialdüsen erzielt; die bei Druckluftspritzen unvermeidliche Spritznebelstreuung wird weitgehend vermieden. Hier hat man weniger Möglichkeiten, durch Einstellungen an der Spritzpistole in den Spritzvorgang einzugreifen. Das Durchsatzvolumen kann in der Regel durch Auswechseln der Düse verändert werden; teilweise lassen sich, bei Airlessdüsen mit verstellbarer Öffnung, Spritzmenge und Spritzwinkel gleichzeitig variieren. Beim Airless-Spritzen ist ganz besonders auf die Aufbringmengen pro Quadratmeter zu achten, da hier oft versehentlich und durch Unachtsamkeit zu viel aufgebracht wird.

Airless- Spritzen

Das Airmix-, Spraymix- oder auch Air-Coat- oder HVLP-Verfahren (High Volume Low Pressure) ist eine verbesserte Variante des Airless-Verfahrens. Der Druck im zu verspritzenden Material liegt nur bei 40-50 bar. Zusätzlich wird durch eine spezielle Luftzufuhr an der Spritzpistole etwa 5% Luft eingeblasen und der zerstäubende Spritzstrahl durch Luftdruck feiner zerstäubt.

elektrische Spritzpistolen

Elektrische Spritzpistolen entsprechen in der Funktionsweise dem Airless-Gerät. Sie sind Handspritzgeräte mit einer Farbzufuhr aus dem unter der Pistole hängenden Becher (Saugbecherpistole). Ein eingebauter Elektromotor treibt die kleine Hochleistungspumpe an, die das Material auf 120-160 bar verdichtet und aus dem Becher fördert. Diese relativ preisgünstigen und handlichen Geräte sind auch bei Do-It-Yourselfern sehr beliebt und häufig im Einsatz.

elektrostatisches Spritzen

Das elektrostatische Spritzen ist ein Spezialverfahren des Hochdruck- oder Airless-Spritzens, bei dem im Prinzip das zu beschichtende Werkstück und der Lack elektrostatisch gegenpolig aufgeladen werden und sich somit anziehen. Die Aufladung der Lackteilchen erfolgt in den spannungführenden Spritzgeräten. Somit könnte man den Lack sogar relativ wahllos in die Nähe der geerdeten Objekte – z.B. Fensterrahmen – spritzen, die die Lacktröpfchen dann aus ihrer Flugrichtung ablenken und wie ein Magnet auf sich zuziehen. Mit diesem Verfahren können Naturprodukte auf Holz oberhalb einer Feuchte von 10% angewendet werden. Trockeneres Holz kann nicht mehr elektrostatisch gespritzt werden, da es nicht mehr ausreichend leitend ist, um die Feldstärke aufrecht zu erhalten. Vorteile dieser Technik sind die gleichmäßige Filmbildung und der geringe Lackverlust.

Die Hersteller der Spritzgeräte geben in ihren Bedienungsanleitungen an, wie mit den Geräten umzugehen ist. Dort werden die Einstellung der Geräte und die Feinregulierung des Spritzstrahls sowie der Durchsatzmenge beschrieben; dort liest man auch etwas über die Viskosität (das Maß an Dünn-

Handhabung der Spritzgeräte und praktische Tips zum Spritzen von Naturprodukten

flüssigkeit), die das zu verarbeitende Material haben muß.[54] Demzufolge müssen z.B. Naturharzöllacke bisweilen verdünnt bzw. auch – um Lösemittel einzusparen – im Wasserbad erwärmt werden. Dies hat aber auch zur Folge, daß sehr dünnflüssige Naturprodukte wie Naturharzöl-Imprägniergrund, Natur-Hartöl-Imprägnierlasur oder ggf. auch Leinölfirnis nicht im Spritzverfahren verarbeitet werden können.

Naturharzöl-Produkte und ihre Spritzmethoden

Spritzen eignet sich vor allem für Lacke: Schellacke, Naturharzöl-Klarlack, Natur-Bernsteinlack sowie Naturharz-Vorstreichfarbe, Naturharzöl-Weiß- und -Buntlacke. Naturharzöl-Lasuren und Bienenwachs-Streichbalsam sind nur eingeschränkt durch Spritzen verarbeitbar. Die Einschränkung ist zum einen dadurch begründet, daß Lasuren und Streichbalsam relativ dünnflüssig sind und bei vielen Spritzmethoden in zu großem Durchsatzvolumen aus der Düse austreten. Es muß daher äußerst rasch gearbeitet werden, um nicht zu große Aufbringmengen und Filmstärken zu erhalten. Pigmentierte Naturharzöl-Lasuren sollten zum anderen nur in solchen Anwendungsfällen gespritzt werden, wo die Oberflächenqualität keine überragende Rolle spielt (z.B. bei Zäunen, Gartengeräten etc.). Es besteht die Gefahr von Pigmentausschwimmungen, die keine in ästhetischer Hinsicht befriedigende Oberflächen zulassen. Das relativ beste Ergebnis beim Spritzen von pigmentierten Naturharzöl-Lasuren erzielt man noch mit der Rundstrahldüse. (Bessere Alternative: Streichen.)

Auch Naturharzöl-Grundierung und Naturharzöl-Wachs – jeweils wasserverdünnbar – können verspritzt werden. Hier empfiehlt sich das Air-Mix- bzw. Air-Coat-Verfahren, ein Airless-Verfahren, bei dem etwa 5% Luft zugeführt wird. Mit dieser Methode können Grundierung und Wachs entweder unverdünnt oder mit ca. 10% Wasser verdünnt verarbeitet werden.[55] Das Material muß satt aufgebracht werden, Tröpfchenbildung an der Oberfläche ist zu vermeiden. Für das Spritzen filigraner und profilierter Teile empfiehlt sich eine Rundstrahldüse.

Materialverbrauch und Trocknungsverzögerung

Achtung: Grundsätzlich ist beim Spritzen ganz besonders auf den Materialverbrauch und die Aufbringmengen zu achten. Hier ist die Gefahr zu großer Schichtdicken und folglich Trocknungsverzögerungen besonders ausgeprägt. Daher muß man immer sehr zügig arbeiten.

richtiger Spritzabstand

Beim Spritzen beträgt im allgemeinen der Abstand zwischen Pistole und Untergrund gleichbleibend 15-20 cm. Nur beim Air-Coat- bzw. Air-Mix-Verfahren nähert man sich der zu beschichtenden Fläche bis auf wenige Zentimeter. Falscher Spritzabstand hat meist Beschichtungsfehler zur Folge: Zu großer Abstand führt zu vermehrter Farbnebelbildung (rauhere Oberfläche der gespritzten Fläche), zu geringer Abstand hat zu große Aufbringmengen (Trocknungsverzögerungen) oder Verlaufsstörungen zur Folge. Beim eigentlichen Spritzvorgang wird die Pistole möglichst im rechten Winkel zum Untergrund gehalten (Abb. 41). Die Spritzbewegung muß aus dem Arm und nicht aus dem Handgelenk kommen. Flächiges Spritzen erfolgt ›in Streifen‹.

Dabei wird die Pistole über den Rand des Werkstücks hinausgeführt; es darf nicht über der Fläche gewendet werden. Dies vermeidet zu großen Farbauftrag an den Rändern.

Die Spritzarbeit besteht im allgemeinen aus dem sogenannte Vornebeln und dem eigentlichen Spritzen. Das Vornebeln kann für Lackierungen sinnvoll sein. Es ist das Aufspritzen einer dünnen Lackschicht vor der eigentlichen Lackverarbeitung. Dieser dünne Lacknebel wird nach etwas Ablüftzeit stark klebend und bildet so einen guten Haftgrund für die folgende »normaldicke« Lackschicht. Bei der eigentlichen Spritzverarbeitung wird die Pistole streifenförmig über das Werkstück geführt. Jeder Streifen überdeckt die Hälfte des vorhergehenden. Flächige Werkstücke werden im Kreuzgang gespritzt; dies sichert eine gleichmäßigere Oberfläche. Dabei wechselt man zwischen waagerechtem und senkrechtem Spritzgang bzw. ordnet den zweiten Gang im rechten Winkel zum vorhergehenden an (Abb. 42).

Vornebeln und eigentlicher Spritzvorgang

Vor dem Beschichten flächiger Werkstücke werden stets die Kanten gespritzt. Bei waagerechten Flächen werden die Streifen vom Spritzenden aus von der nahen zu den entfernten Flächenteilen aufgebracht. Dies vermeidet Spritznebel auf den bereits beschichteten, vom Spritzenden entfernter liegenden Teilflächen. Senkrechte Flächen sollten abwechselnd von links nach rechts an der oberen Kante beginnend gespritzt werden. Sehr lange oder breite Flächen kann man beschichten, indem man in 60-100 cm langen Teilstücken spritzt, die sich etwa 10 cm überlappen.

Wegen der Kanten, Eckverbindungen (Außenecken oder Innenecken) oder unterschiedlichen Profilen gehört schon eine ordentliche Portion Übung dazu, beispielsweise Rahmenverbindungen oder Korpusmöbel zu spritzen. Auf Außenecken kann die Spritzpistole direkt gerichtet werden. Bei Innenecken

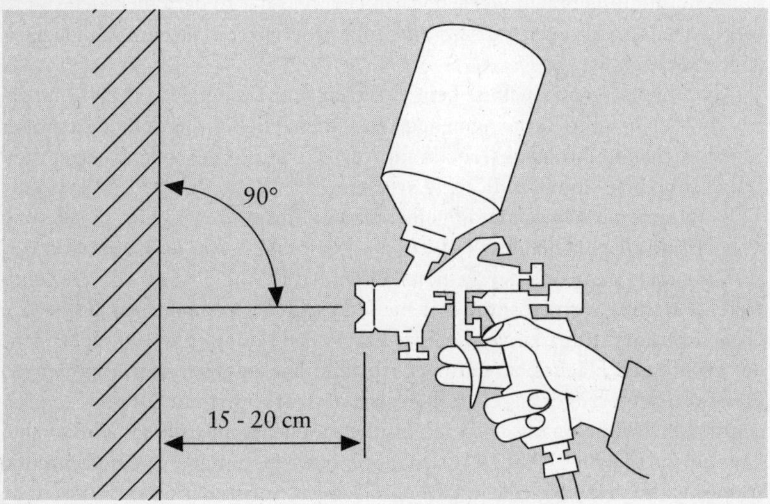

Abb. 41a: Spritzverarbeitung: Rechter Winkel, Abstand zwischen Pistole und Untergrund 15-20 cm.

Abb. 41b: Spritzverarbeitung: Bei flächigem Spritzen nicht über der Fläche wenden.

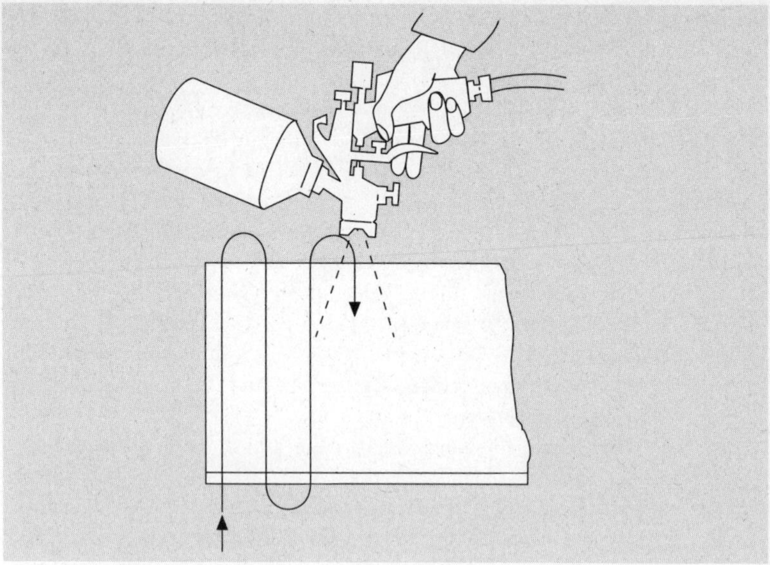

Abb. 42: Schema der Führung einer Spritzpistole im Kreuzgangverfahren. *(Quelle: Bundesinstitut für Berufsbildung 1984)*

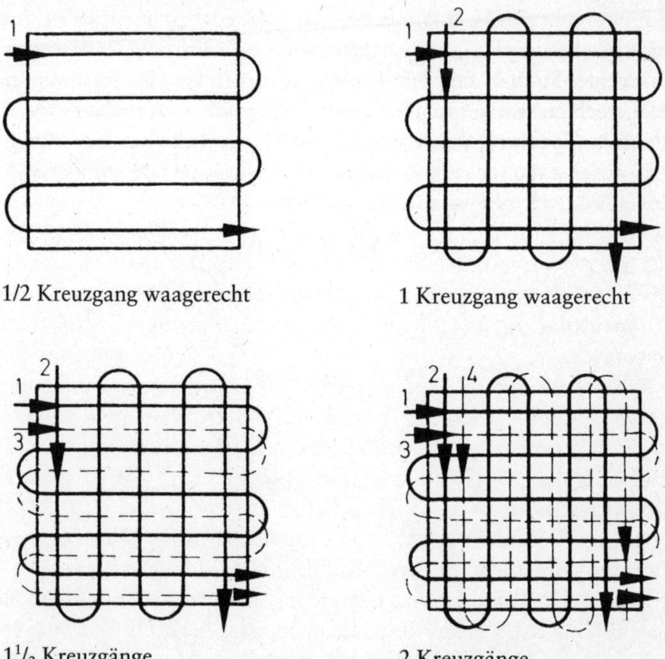

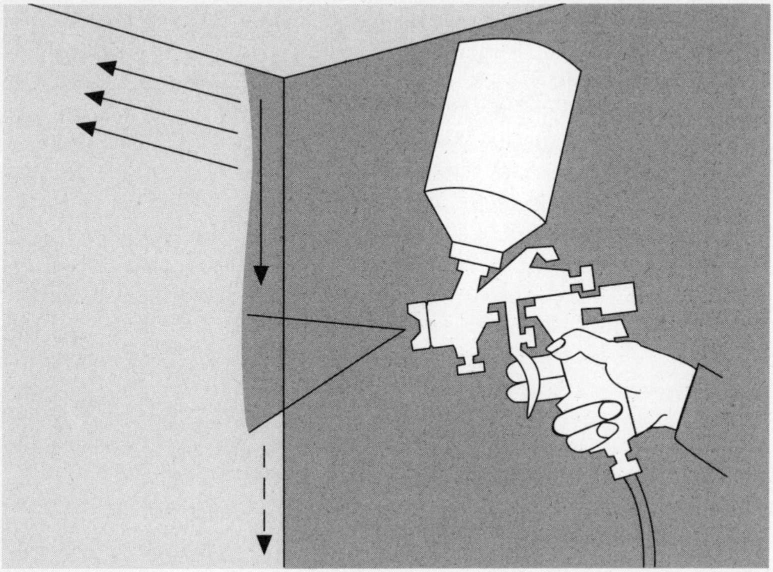

Abb. 43:
Bei Innenecken spritzt man jede in der Ecke zusammentreffende Fläche einzeln.
(Quelle: Bablick, Federl 1987)

ausreichende Übung bei Korpusmöbeln

spritzt man nicht direkt in die Ecke, sondern jede in der Ecke zusammentreffende Fläche einzeln. Dazu wird zunächst auf der Fläche entlang der Ecke ein senkrechter Streifen angelegt. Dann spritzt man von der Ecke wegführend mit waagerechten Streifen weiter (Abb. 43), die nicht in der Ecke, sondern auf dem ersten senkrechten Streifen beginnen. Bei verwinkelten Konstruktionen werden zunächst die schlecht zugänglichen Stellen und bei profilierten Bereichen zunächst die Profilierungen gespritzt.

Ein Hinweis zum Spritzen von Heißwachs mit der Heißwachsanlage: Es muß darauf geachtet werden, daß die Holzoberflächen nur leicht angesprüht und übergenebelt werden. Keinesfalls darf sich ein vollflächig zusammenlaufender Wachsfilm ergeben (dieser zeugt von einer erheblich zu großen Aufbringmenge).

Zusätzliche Einrichtungen

Im handwerklichen und industriellen Bereich wird zumeist in speziellen Spritzräumen mit Spritzkabinen oder Spritzwänden, Waschwänden und Absaugungen etc. gearbeitet. Oft ist eine ganze Reihe weiterer Aggregate und Fördereinrichtungen notwendig, um rationell und sicher arbeiten zu können. Heimwerker haben diese Ausrüstung nicht.
Farbnebel und Dämpfe ätherischer Öle müssen auch bei Naturfarben abgesaugt werden – vor allem bei Verarbeitung größerer Mengen –, um nicht Mitarbeiterinnen und Mitarbeiter zu gefährden. Spritzarbeiten mit relativ hohen Spritzverlusten werden an Spritzständen oder in Spritzkabinen vor sogenannte Trockenabscheidern (mit Wegwerffiltern, Siebblechen o.ä.) oder wasserberieselten Naßabscheidern ausgeführt. Elektrische Geräte, Schalter, Beleuchtungskörper etc. in Spritzräumen sind explosionsgeschützt auszuführen; die

Gesundheitsschutzbestimmungen verlangen Absaug- und Frischluftgebläse. So kann man zahlreiche weitere Einrichtungen von kleinen Nebelabsaugstellen bis zu Portalspritzständen und großen Ganzmetallkabinen, von Filtern, Luftumwälzung, Heiz- und Kühleinrichtungen bis hin zum Wasserschleiersprüher (zur Reinhaltung der Kabinenwände) und die zum Arbeiten nötigen Fördergeräte und Verschiebeeinrichtungen (z.B. Handhängebahnen für die Aufhängung von Fensterrahmen), Hebebühnen etc. antreffen.

Spritzabfälle grundsätzlich kompostierbar

Hinweis: Ausgewaschene, abgesiebte Lackreste und Lackschlamm, trockener Spritzstaub von Prallblechen und Kabinenwänden sowie entsprechende Abfälle sind nach der Abfallbestimmungsverordnung formell zwar Sonderabfall und nach der TA Abfall gesondert zu entsorgen. Leider unterscheidet das Gesetz hier nicht zwischen Naturfarben und konventionellen Produkten. Doch könnten von Seiten der Inhaltsstoffe Naturfarbenabfälle ohne weiteres kompostiert, die Bestandteile ohne den behördlichen Umweg über die Verbrennungsanlage oder Deponie unmittelbar in den Naturkreislauf wieder eingefügt werden. Vielversprechende und nach ersten Ergebnissen äußerst erfolgreiche Versuche konsequenter Naturfarbenhersteller laufen.

Halbindustrielle Verfahren

Tauchen

Für eine größere Anzahl von zu behandelnden Objekten wie Fenster, Schalungsbretter, Korpusteile von Möbeln, Holzspielzeug, Frühstücksbrettchen etc. ist das Tauchen eines der wirtschaftlichsten Arbeitsverfahren, um Naturharzöl-Grundierungen ins Holz einzubringen. Beim Tauchen werden die zu behandelnden Gegenstände ganz oder teilweise in der Flüssigkeit untergetaucht. Dies macht eine Tauchwanne notwendig, in der eine nicht unbeträchtliche Menge an Grundierflüssigkeit vorhanden ist. Das Tauchen lohnt sich besonders, wenn immer wieder Objekte zu behandeln sind, da eine erheblich größere Menge an Flüssigkeit zur Füllung des Tauchbeckens erforderlich ist, als zunächst für einen Auftrag verarbeitet werden kann. Beim Herausziehen tropft die überschüssige Grundierflüssigkeit ab und läuft in das Tauchbecken zurück. So lassen sich Flüssigkeitsverluste und Arbeitsaufwand gering halten.

Der Tauchvorgang kann automatisch bzw. mechanisch erfolgen oder auch von Hand. Beim Handtauchen sollte die Tauchwanne nicht wesentlich größer sein als die zu tauchenden Werkstücke. Je nach Dauer des Eintauchens unterscheiden sich Kurzzeittauchen oder Langzeittauchen. Das Kurzzeittauchen, meist von Hand ausgeführt, dauert in der Regel nur wenige Sekunden; die Einbringmengen an Grundierflüssigkeit sind relativ gering. Das Langzeittauchen in mechanischen Anlagen mit Förderer und Untertauchhalterung kann bis zu Stunden dauern. Man erreicht große Einbringmengen an Grundierflüssigkeit, doch erhält man dadurch auch eine zu große Menge an ätherischen Ölen (Lösemittel) im Holz. Langzeittauchen – sofern überhaupt notwendig – erfordert längere Abdunst- und Trockenzeiten vor der Weiterbearbeitung; nachträgliches Verdunsten von ätherischen Ölen nach erfolgter filmbildender

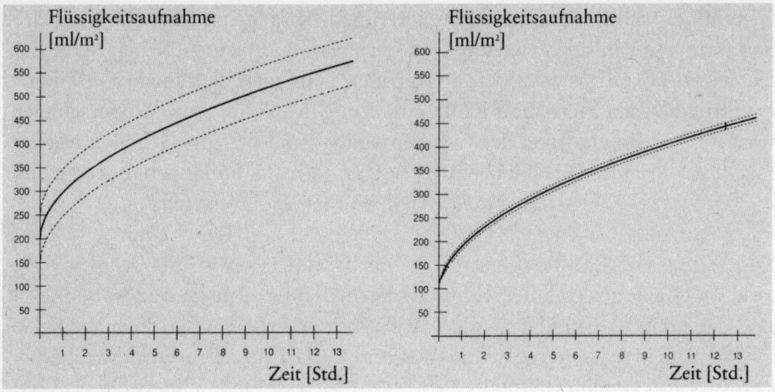

Abb. 44a,b: Mittlere Flüssigkeitsaufnahme beim Tauchen von trockenem, sägerauhen Fichte/Tanne-Sortiment. (Quelle: Deutsche Gesellschaft für Holzforschung 1991 b)

Weiterbeschichtung kann z.B. zur Orangenhaut oder zu Haftungsstörungen führen.

Flüssigkeitsaufnahme beim Tauchen

Die Aufnahmemenge an Naturharzöl-Grundierungen hängt von der Tauchdauer ab; mit zunehmender Dauer dringt mehr Flüssigkeit ins Holz. Dabei erfolgt zunächst die sogenannte Spontanaufnahme. Das ist die Aufnahmemenge, die bei der spontanen Benetzung des Holzes innerhalb weniger Sekunden eindringt; sie ist abhängig von der Oberflächenbeschaffenheit (sägerauh oder gehobelt). Die weitere Aufnahme an Flüssigkeit erfolgt durch Kapillarkräfte im Holz, sie steigt kontinuierlich an. Genaue Zahlenwerte liegen für Naturharzöl-Grundierungen leider noch nicht vor; sie sind bislang lediglich für konventionelle lösemittelhaltige Holzschutzmittel ermittelt worden. Doch lassen sich diese in erster Näherung auch auf die hier interessierenden Naturprodukte anwenden. So beträgt die Spontanaufnahme bei gehobeltem Holz rund 85 ± 15 ml/m² und bei sägerauhem Holz rund 200 ± 50 ml/m².[56] Abb. 44 zeigt die gesamte durchschnittliche Flüssigkeitsaufnahme beim Tauchen von trockenem Nadelholz (Holzart Fichte/Tanne, u ≤ 20 %) in Abhängigkeit von der Zeit: a) sägerauhes Holz, b) gehobeltes Holz. Daraus folgt, daß für den Soll-Verbrauch von 100 ml/m² bei den meisten Naturharzöl-Grundierungen ein Kurztauchen ausreichend ist.

Im Tauchverfahren können lediglich die Produkte Naturharzöl-Imprägniergrund, Natur-Hartöl-Imprägnierlasur und mit Pflanzen-Balsamverdünnung verdünnter Kräuter- oder Leinölfirnis (im Verhältnis 1:1) verarbeitet werden. Naturharzöl-Lasuren, Naturharzöl-Klar- und -Decklacke und alle anderen filmbildenden Produkte lassen sich nicht durch Tauchen anwenden.

Das Tauchen eignet sich beispielsweise bevorzugt für Naturharzöl-Imprägniergrund beim Fensterbau. Damit ist dann sichergestellt, daß eine genügende Absättigung vor allem beim Hirnholz und bei Konstruktionsfugen eintritt. (Auch vorbeugender Holzschutz mit Borsalz-Holzschutz-Imprägnierung kann im Tauchverfahren eingebracht werden.) Die Möglichkeiten, Holzfenster im Tauchverfahren zu behandeln, reichen von einer einfachen Handtauchwanne über Tieftauchbecken bis zu automatischen Tauchbecken mit Ein- und Austauchstation; letztere kommen selbstvertständlich nur in Großbetrieben vor. In vielen Fällen kann man sich mit einer einfachen Tauchwanne oder einem Tieftauchbecken begnügen. Die Rahmen werden von Hand eingetaucht und nach dem Tauchen – hier in der Regel Kurztauchen – in die über dem Tauchbecken befindliche Handhängebahn gehängt; bei schweren Rahmen erleichtert eine Absenkvorrichtung die Arbeit beträchtlich.

Tauchen im Fensterbau

Beim Abtropfen in einer Abtropfzone nach dem Tauchbecken ist darauf zu achten, daß an unteren Rahmenteilen oder Unterkanten der getauchten Werkstücke sich keine Tropfen ansammeln und dort allmählich antrocknen. Dieser Bereich würde lange Zeit klebrig bleiben. Diese Tropfen sind zu entfernen (nachwischen).

Die beim Tauchverfahren permanent offenen Behälter mit nicht unerheblichen Mengen an ätherischen Ölen verlangen eine gute Belüftung der Arbeitsräume. Oft müssen Absauganlagen verwendet werden. In den Pausen und nach der Arbeit sind die Tauchbecken gut zu verschließen. Nach längerer Zeit sollten ggf. auftretende Lösemittelverluste durch Zugabe des entsprechenden Verdünnungsmittels – meist Pflanzen-Balsamverdünnung – ergänzt werden.

Fluten

Auch Flutverfahren eignen sich für große Stückzahlen. Das Fluten besteht, vereinfacht gesagt, im Übergießen der Werkstücke mit der jeweiligen Oberflächenbehandlungsflüssigkeit. Diese wird aus einem kleinen Vorratsbehälter gepumpt, durch einen Schlauch zu einem mit relativ groben Düsen bestückten Flutstab geführt, von wo sie dann wie in einem Vorhang über das Werkstück läuft, um von dort über Abtropfbleche wieder in den Vorratsbehälter zurückzulaufen. Es gibt auch mobile Flutanlagen mit beweglichem bzw. manuell zu bedienendem Flustab, um z.B. Holz vor Ort auf der Baustelle zu behandeln. Größere Flutanlagen sind stationär eingebaut; sie werden z.B. in der Fensterindustrie eingesetzt. Dabei laufen diagonal aufgehängte Rahmenteile in Längsrichtung durch die Anlage. Im sogenannten Flutkanal werden die Rahmen allseitig über fest installierte Flutstäbe, sogenannte Düsenstöcke, beflutet.

Wie beim Tauchen können filmbildende Naturprodukte wie Naturharzöl-Lasuren oder Naturharzöl-Klar- und -Decklacke nicht geflutet werden. Das Fluten eignet sich ohnehin nur für Naturharzöl-Imprägniergrund, und das auch nur eingeschränkt, da dieser Imprägniergrund sehr dünnflüssig ist. Es erfordert normalerweise etwas höherviskose Materialien, die speziell für das Fluten eingestellt worden sind.

Trommeln

Die Trommelbehandlung ist ein rationelles Auftragsverfahren für Kleinteile. Auf diese Weise werden zum Beispiel hölzerne Knöpfe ebenso behandelt wie Kugeln. Auch für Spielgeräte wie Ringe, Räder, Würfel, kleine Figuren etc. eignet sich das Trommeln. Die Verarbeitung von Naturprodukten erfolgt jedoch auf andere Weise als die herkömmlicher Spezial-Einbrennlacke auf Alkydharzbasis, bei denen mit Spezialtrommeln in sogenannte Lackierdrehöfen gearbeitet wird.

Zunächst eignen sich zum Trommeln lediglich die nicht filmbildenden Produkte Naturharzöl-Imprägniergrund, Natur-Hartöl-Imprägnierlasur und mit Pflanzen-Balsamverdünnung verdünnter Kräuter- oder Leinölfirnis (im Verhältnis 1:1) sowie auch Bienenwachs-Streichbalsam. Die Kleinteile werden zunächst in der Grundierflüssigkeit getaucht (Kurztauchen) und anschließend in einer Trommel – z.B. umfunktionierte Zementmischmaschine mit auswechselbarem Kunststoffeinsatz – trocken getrommelt. »Trommeln« heißt der Fachterminus, der lediglich meint, daß die Kleinteile so lange gedreht und umgewälzt werden, bis sie trocken sind. Anschließend werden die Teile in Bienenwachs-Streichbalsam kurz eingetaucht und wieder trocken getrommelt; dabei erfolgt automatisch der Poliervorgang.

Industrielle Anwendung

Für die industrielle Behandlung von Holzoberflächen werden verschiedene gängige Verfahren angewendet, die nur mit speziellen, aufwendigen Maschinenanlagen ausgeführt werden können. Gegenwärtig arbeitet keine dieser Industrieanlagen mit konsequenten Naturprodukten. Einerseits müssen diese Anlagen erst ganz speziell für die Erfordernisse von Naturprodukten (Bindemittelgehalt, Viskosität, Verlauf, Trocknungsgeschwindigkeit etc.) konzipiert werden. Andererseits besteht das Problem der großen Stückzahlen, demzufolge erhebliche Lagerkapazitäten für die Zwischentrocknung bereitzustellen sind. Diese müssen das 1- bis 1 ½-fache der Gesamttagesleistung der Maschine umfassen. Das ist den Industriebetrieben gegenwärtig leider noch nicht möglich.

Die wichtigsten Verfahren seien an dieser Stelle daher nur kurz vorgestellt. Beim Gießen mit der Gießmaschine läuft das Material aus dem schmalen, verstellbaren Spalt eines langen, quer montierten Gießkopfes in einem dünnen, geschlossenen Vorhang auf das unter dem Gießkopf auf Transportbändern vorbeilaufende Werkstück. Die Auftragsmenge kann über die Spaltbreite des Gießkopfes und die Fördergeschwindigkeit reguliert werden. Nicht auf das Werkstück gelangender Lack fällt in ein Auffangbehälter und wird in das Vorratsgefäß zurückgepumpt.

Beim Walzen überträgt eine rotierende Gummiwalze einen geschlossenen Film auf ein ebenes Werkstück, ähnlich wie beim Buchdruckverfahren. Dieser sogenannte Auftragswalze liegt eine kleinere Dosierwalze gegenüber. Zwischen den beiden verbleibt eine sehr schmaler Spalt, der durch Variieren des Walzenabstandes veränderbar ist. Im Raum zwischen den Walzen über dem Spalt befindet sich das aufzutragende Material, das aus dem Spalt austritt und mit der rotierenden Auftragswalze gleichmäßig auf das darunter vorbeilaufende Werkstück gedrückt wird.

Gießen und Walzen erfordern Beschichtungen mit relativ hohen Viskositäten und sind bei jetzigem Aufbau und derzeitiger Konstruktion der Maschinen nicht für Naturprodukte anwendbar.

Reinigung der Werkzeuge und Geräte

Die Werkzeugreinigung ist sehr sorgfältig durchzuführen, um die Qualität von Werkzeugen über lange Zeit zu erhalten. So können auch Qualitätspinsel über Jahre hinweg uneingeschränkt tauglich bleiben. Werkzeuge müssen nach der Arbeit sogleich gereinigt werden; zu langes Warten ist unzulässig, da sonst die verarbeitete Naturfarbe am Werkzeug antrocknet und es für spätere Zwecke unbrauchbar macht. Bei Naturprodukten, die mit Pflanzen-Balsamverdünnung, Balsamterpentinöl bzw. allgemein mit ätherischen Ölen sowie mit Alkohol verdünnbar sind, nimmt man eben dieses Verdünnungsmittel zur Reinigung. Bei wasserverdünnbaren Naturprodukten ist mit viel Wasser, ggf. unter Zusatz von Pflanzenseife zu reinigen. Achtung: Werkzeuge, mit denen wasserverdünnbare Produkte verarbeitet werden, müssen korrosionsfest sein.

Ein besonderer Hinweis für Pinsel, die viel in Gebrauch sind: Nach der Verarbeitung lösemittelhaltiger Produkte werden sie gereinigt und im sogenannte Lösemitteldampfbad aufbewahrt. Dabei hängt man sie ohne auf dem Grund aufzustoßen in ein geschlossenes Gefäß mit Lösemittel; die Pinselspitze sollte dabei einige Millimeter in die Flüssigkeit hineinragen. Die Öle und Harze im Kern des Pinsels – z.B. nach nicht ganz so gründlicher Reinigung immer vorhanden – trocknen durch die anwesenden Lösemitteldämpfe nicht an, der Pinsel wird im Kern nicht hart.

Für kürzere Arbeitspausen oder über Nacht können Pinsel ohne vorherige Reinigung in Wasser gestellt oder gehängt werden, so daß die Borsten auf ihrer ganzen Länge von Wasser überdeckt sind. Auf diese Weise tritt kein Luftsauerstoff an die trocknenden Öle und Harze heran, die somit nun eben nicht trocknen können. Der Pinsel wird nicht hart. Nach der Verarbeitung wasserverdünnbarer Produkte ist anders zu verfahren, da hier kein Lösemitteldampfbad existiert. Lösemittel ist hier das Wasser; es hat im Vergleich zu ätherischen Ölen eine zu geringe Verdampfungsneigung, als daß die Atmosphäre über dem Flüssigkeitsspiegel mit Wasserdampf gesättigt ist. Daher sind diese Pinsel nach den Arbeiten zu reinigen (Wasser, ggf. mit Pflanzenseife) und unter Wasser aufzubewahren. Nur bei kurzen Pausen (Frühstück, Mittag) werden Pinsel oft auch lediglich wasserbedeckt zwischengelagert; dies erfolgt auch bei Lackierrollen.

Verschmutzte Bürsten, die nach häufigem Wachsauftrag bzw. Polieren vor allem mit Wachsresten verunreinigt sind, säubert man am besten mit der Reinigungs-Emulsion. Dazu wird die Bürste so in ein flaches Gefäß mit der Reinigungs-Emulsion gelegt, daß die Borsten gerade bedeckt sind. Man läßt die Emulsion für einige Zeit einwirken – rund 1 Stunde – und wäscht mit viel Wasser nach. Ggf. muß die Prozedur wiederholt werden.

tägliche Wartung und Reinigung

Spritzpistolen und Spritzanlagen müssen täglich gewartet werden. Nach jedem Einsatz ist die Spritzpistole sorgfältig zu reinigen. Zunächst wird das Verdünnungsmittel des jeweiligen Produktes (Pflanzen-Balsamverdünung, Pflanzen-Alkoholverdünung oder Wasser) durchgespritzt, danach ist die Pistole zu zerlegen, sorgfältig mit dem Verdünnungsmittel auszuwaschen und zu reinigen. Anleitungen des Spritzgeräteherstellers sind sorgfältig zu beachten.

Gleiches gilt für die halbindustrielle und industrielle Verarbeitung. Anlagen zum Tauchen, Fluten, Gießen und Walzen sind permanent zu warten und zu überwachen. Flutstäbe, Gießköpfe, Auftrags- und Dosierwalzen etc. müssen täglich gereinigt werden. Zu beachten ist, daß die mit den jeweiligen Produkten und mit deren Verdünnungsmitteln in Kontakt geratenden Teile – vor allem die Kunststoff- bzw. Gummiteile – mit diesen verträglich sind.

Konsequenzen und Ausblick

Im vorliegenden Buch ist eine Vielzahl von Möglichkeiten beschrieben worden, Holzoberflächen konsequent ökologisch zu färben, zu schützen und zu pflegen. Mit diesem Rüstzeug kann alles Holz in und an Haus und Wohnung und beispielsweise auch im Büro ohne synthetische Schadstoffe – gewissermaßen ganz natürlich – behandelt werden. Dies ist in einer Zeit, in der Verbraucher vor Gericht ziehen müssen, um Gesundheitsschäden durch synthetische Erzeugnisse anerkannt und entschädigt zu bekommen (man denke nur einmal an die Prozesse um Ledersprays und um Holzschutzmittel), ganz besonders wichtig.

Liebe Naturfarbenfans – oder auch Neu-Naturfarbenfans, sofern dieses Buch eine möglicherweise schon länger verborgen gehegte Idee zur Umorientierung in Ihnen aktivieren konnte –, verzagen Sie nicht, wenn Ihnen Ihre häusliche Umgebung noch zu unökologisch und unnatürlich erscheint. Verlieren Sie nicht das Interesse angesichts der großen Arbeit, die evtl. noch vor Ihnen liegt. Es muß nicht gleich alles bereits vorhandene Holz weggeworfen oder abgeschliffen werden. Nur in ganz wenigen Fällen, wenn schwere gesundheitliche Störungen und Allergien auftauchen, sind synthetisch behandelte Holzgegenstände radikal zu entfernen.

behutsame Wandlung der Wohnumwelt von konventionell auf ökologisch konsequent

Beginnen Sie ganz einfach dann, wenn Sie neue Möbel kaufen, eine neue Holzverschalung anbringen, Gartenzaun oder Pergola installieren oder Holzspielzeug dem eigenen Nachwuchs oder dem von Freunden und Verwandten schenken möchten. Erwerben Sie zunächst unbehandeltes Holz – das ist ganz wichtig. Erwerben Sie dann konsequent ökologische Naturfarben und vermeiden Sie Produkte, deren Inhaltsstoffe Ihnen nicht bekannt sind oder die Ihnen verdächtig vorkommen, weil offenbar mit Chemikalien in der Rezeptur gearbeitet wurde (auch unter den Naturfarbenherstellern gibt es manch schwarzes Schaf). Falls Sie dennoch unsicher sind, fragen Sie ganz einfach, ob der betreffene Hersteller Mitglied der Arbeitsgemeinschaft Naturfarben ist, in der eine ganz besonders strenge ökologische Rohstoffkonzeption verfolgt wird.

Auf diese Weise kann man Schritt für Schritt auch über mehrere Jahre hinweg das Holz in seiner Umgebung »ökologisieren«. Und nicht nur beim Holz besteht die Möglichkeit zu konsequent ökologischen Produkten; auch bei anderen Oberflächen in Haus und Wohnung (Tapeten, Wände, Fußböden), beim Renovieren, bei Spiel- und Bastelmaterial für Kinder, bei der Lederpflege, bei Kosmetika, bei Waschmitteln etc. gibt es mittlerweile entsprechende Angebote. Hierfür sei auf weitere Bände der vorliegenden Reihe verwiesen.

Der Beginn der ökologischen Wende ist bereits erfolgt.

Tausende von Verbraucherinnen und Verbrauchern haben diese ökologische Wende bereits vollzogen. Eine deutlich wachsende Zahl von Handwerksfirmen und sogar einige Industrieunternehmen (vor allem im

Möbelbau) setzen mittlerweile auf Naturfarben. Zudem gibt es bereits seit langem Betriebe, die ausschließlich mit Naturfarben arbeiten. 30 Prozent der Kundschaft würden gezielt nach Naturfarben fragen, »die restlichen 70 Prozent werden automatisch damit bedient,« so ein Handwerksmeister, der einen Betrieb mit 5 Mitarbeitern führt.[57]

Gerade dem Handwerk, aber auch dem Baustoffhandel sowie Architekten und Planern, bietet sich mit der Entscheidung zu Naturfarben die Möglichkeit, ihr Leistungsangebot zu erweitern und auch die zahlreichen Kunden zu bedienen, denen bereits jetzt der Schutz von Mensch und Umwelt so wichtig geworden ist, daß sie ausschließlich Naturfarben verlangen.

Holz als ökologischer Werkstoff Nr. 1

Um Holz zu schützen, zu färben und zu pflegen, ist die Anwendung von Naturfarben ein Muß und ökologische Notwendigkeit. Selbst für manche Wirtschaftsverbände und Fachgremien besitzt die Entgiftung des nachwachsenden Baustoffs Nr. 1, des Holzes, oberste Priorität: Es »soll erreicht werden, daß ... dem Holz möglichst wenig umweltbelastende ... Substanzen zugesetzt ... werden.«[58] Man fürchtet um den Ruf des Holzes als konkurrenzlos umweltfreundlicher und ökologischer Baustoff. Dabei möchte man auch sicherstellen, daß behandeltes Holz wieder in den Stoffkreislauf der Natur eingegliedert werden kann. Wenn das keine Aufforderung zur Anwendung von Naturfarben ist!

Heutige Naturfarben sind zwar alles andere als perfekt. Sie zeigen aber einen gangbaren Weg in eine Zukunft, in der uns außer nachwachsenden Rohstoffen keine anderen mehr zur Verfügung stehen.

Anhang

Anmerkungen

Warum Naturfarben zur Holzoberflächenbehandlung?

1 Bode 1992
2 Anonym 1991
3 Leiße 1992
4 Vorbildliche Recherchierarbeit hat hier Fischer (s. Fischer 1993) geleistet.
5 S. dazu ausführlich in Fischer 1993.

Auswahl von Naturfarben und ihre Verarbeitung auf Holz

6 Die erste Haut des Menschen ist seine eigentliche Haut mit der bindegewebsartigen, gut durchbluteten Unterhaut und der lederartigen stabilen Oberhaut. Die zweite Haut des Menschen ist seine Kleidung, die, sofern sie aus naturbelassenen Fasern und Geweben besteht, den lebensnotwendigen Austausch (Feuchtigkeit und weitere Substanzen) der menschlichen Haut mit der Umgebung gestattet. Die dritte Haut des Menschen ist nun die seine Wohnumwelt umgebende Hülle: das Haus mit seinen Einrichtungsgegenständen und Wänden, zu denen als hygroskopischer, am Austausch mit der Umgebung teilnehmender Werkstoff ganz besonders das Holz gehört.

7 Anders als die lebende menschliche Haut, bei der die abgeschuppten Oberhautteile von unten laufend regeneriert werden, muß das durch Nutzung abgetragene Bienenwachs allerdings gelegentlich durch Nachpflege – z.B. mit Bienenwachs-Pflegeemulsionen – erneuert werden.

8 Die sehr rasche Verwitterung von klarlackiertem Holz im freibewitterten Außenbereich wurde zunächst nicht ursächlich und ausschließlich in Zusammenhang gebracht mit den fehlenden Pigmenten und damit mit dem fehlenden UV-Schutz im Lackfilm. Eine Einigung über die Ursachen fiel zunächst schwer; man vermutete auch einen Einfluß des recht dicken Anstrichfilms einer Klarlackierung, zumal sich unter den damals noch recht dampfdichten Lacken häufig Feuchtigkeitsnester bildeten. Daher wurde versucht, durch einfache Verdünnung des Lacks vor der Verarbeitung den Bindemittelanteil im Anstrichprodukt und damit die Dicke des Anstrichfilms zu senken. Das neue Produkt hieß »Lasur«.

9 Schichtdicken liegen meist zwischen 20 µm (Imprägnierlasuren) und 60 µm (Dickschichtlasuren).

10 Die Schichtdicken einer Lackschicht liegen für gewöhnlich weit über 100 µm.

11 Doch auch ein harter Lack ist vor Kratzern und Verletzungen nicht völlig gefeit, zumal es im eigentlichen Wortsinne »kratzfeste« Lacke nicht gibt.

12 Ausnahme: bei indirekter Bewitterung (z.B. in einem offenen Vorbau oder unter einer Loggia), wo kein Regen und auch kein direkter Sonnenscheineinfall vorhanden sind.

13 So können sie u.U. sogar bläuewidrige Grundierungen an Fenstern (sogenannte Bläuesperrgrund) mit deren sehr problematischen chemischen Wirkstoffen erübrigen.

14 Holz-Lexikon 1988; Band 1: S. 575 – 576

15 Bei Leimdurchschlägen wurde das Furnier mit zuviel Leim verklebt, so daß der Leim die komplette Furnierschicht bis an die Oberfläche durchtränkt hat.

16 Kürschner, gewissermaßen das Gegenteil von Leimdurchschlägen, sind meist kleinflächige Stellen mit Fehlverleimungen, bei denen das Furnier keine Bindung zur Unterlage eingegangen ist oder sich wieder gelöst hat. Ursachen sind in der Regel zu geringe Leimmenge, falsche Leimrezeptur, zu langes Abtrocknen des Leims vor der Furnierverklebung oder zu große Dickentoleranzen in der Unterlage.

17 Als »rechte« Seite wird beim Tangentialschnitt die dem Kern, als »linke« Seite die der Rinde zugekehrte Brettseite bezeichnet. Für hochwertige Zwecke (z.B. für Rahmenkonstruktionen) sollte man daher ausgeprägt tangential geschnittenes Holz im frei bewitterten Außenbereich vermeiden.

18 Willeitner, Schwab 1981; dort S. 19

19 Zitiert nach Willeitner, Schwab 1981; dort S. 15.

20 Nach Sell 1987.

21 Nach Sell 1987.

22 Arbeitsgemeinschaft Holz, CMA 1989; dort S. 12

23 Werden z.B. die stark witterungsbelasteten Handläufe mit hellen bzw. rel. schwach pigmen-

tierten Lasuren gestrichen, so ist normalerweise eine Überarbeitung bereits nach einem Jahr fällig.

24 Feststellbar durch sogenannten Gitterschitt mit scharfem Messer: mehrere Schnitte im Millimeterabstand, das gleiche dann noch einmal um 90° verdreht.

25 Ein Hinweis zur Verträglichkeit: Lösemittelverdünnbare Kunstharzanstriche vertragen sich in der Regel mit Naturharzöl-Produkten, die mit ätherischen Ölen (natürliche Lösemittel) verdünnbar sind. Sofern jedoch wasserverdünnbare Produkte (z.B. Blaue-Engel-Lacke und -Lasuren auf Acrylbasis) als Altanstrich vorliegen, sind Anstrichschäden zu befürchten. Acrylhaltige Altanstriche können von lösemittelhaltigen Alkydharzen mit Nitroverdünnung unterschieden werden: Nitro löst Acryl rasch an und führt zur Aufquellung, während das ehemals lösemittelhaltige Alkydharzprodukt – zumindest kurzfristig – nicht beeinträchtigt wird.

26 Der Dampfteildruck des Wassers spielt am Bau eine große Rolle beim Wasserdampfdurchgang durch Bauteile (und bei möglicher Kondensation von Wasser an zu kalten Bauteilgrenzen). Der Dampfdruck allgemein bezeichnet das Maß von Stoffen, zu verdampfen; dabei üben sie auf Umgebungswände einen gewissen Druck aus. Leicht flüchtige Stoffe mit niedrigem Siedepunkt (z.B. Ether) haben einen hohen Dampfdruck, schwerflüchtige (z.B. Quecksilber) einen niedrigen. Mit Erhöhung der Temperatur steigt der Dampfdruck von Stoffen deutlich an und erreicht beim Siedepunkt den in der Umgebung herrschenden Luftdruck. Der Dampfdruck von Wasser als Stoffkennwert ist natürlich nur von der Temperatur abhängig. Das System Wasserdampf/Luft ist allerdings etwas komplexer. Der Dampfdruck des Wasserdampfs innerhalb des Wasserdampf/Luft-Gemisches wird daher als Dampfteildruck bezeichnet; er hängt auch von der Luftfeuchte ab. Für den hier vorliegenden Sachverhalt sei vereinfacht zusammengefaßt: Höhere Lufttemperatur und höhere Luftfeuchtigkeit in Innenräumen führen immer zu einem höheren Dampfteildruck als bei kühlerer und trockenerer Außenluft.

Arbeitssicherheit

27 Diese Ausführungen zum Paracelsus-Zitat wurden angeregt durch die Gedanken eines Vortrags von Dr. Hermann Fischer: Vom wahren Wesen der Stoffe: Paracelsus und seine Sinnverdreher. Vortrag auf dem Symposium »Sanfte Chemie – Konsequent ökologisch im Kreislauf der Natur« am 12. April 1991 in der Naturwissenschaftlichen Fakultät der Universität Salzburg.

28 Zum Vergleich: Ammoniak 50 ppm, Benzol 1 – 2,5 ppm, Essigsäure 10 ppm, Formaldehyd 0,5 ppm, Nikotin 0,07 ppm, Ozon 0,1 ppm, Styrol 20 ppm. Je niedriger der Wert, desto ungünstiger die toxikologische Einstufung!

29 In Anlehnung an die Verordnung über Anlagen zur Lagerung, Abfüllung und Beförderung brennbarer Flüssigkeiten [VbF] – Näheres siehe dort. Quelle: Landesgewerbeamt Baden-Württemberg 1990.

30 Selbst die Lösemittel der Naturfarben – die ätherischen Öle – lassen sich gut und binnen weniger Tage abbauen, wie die »Untersuchungen zur biologischen Abbaubarkeit von 2 pflanzlichen Lösemitteln« der Braunschweiger Umwelt-Biotechnologie GmbH vom Mai 1990 ergaben.

Werkstoff und Gerätekunde

31 Hierher stammt der Ausdruck »offenporige« Oberflächenbehandlung, der fälschlicherweise für eine Beschichtung verwendet wird, die den Feuchtigkeits- und Gasaustausch des Holzes mit dem Umgebungsklima nicht beeinträchtigt. In der Tat jedoch heißt der Begriff »offenporig« nichts weiter, als daß bei der Oberflächenbeschichtung von stark porigen Laubhölzern die Poren auf der Längsseite des Holzes, die mikroskopisch gesehen gewissermaßen eine »Badewanne« in der Holzfläche bilden, nicht mit Füllstoffen (sogenannte Porenfüllern) angefüllt sind. Die Oberflächenbeschichtung ist an der Stelle der Poren demzufolge in der Fläche unterbrochen, da von dem relativ dünnen Oberflächenbeschichtungsmaterial nur der Grund der »Badewanne« ausgekleidet wird. Dies ist heute im Möbelbau allgemein üblich; das Gegenteil, die geschlossenporigen Beschichtungen, sind nicht sehr gebräuchlich.

32 Bosshard 1984; dort S. 206/207

33 Bosshard 1984; dort S. 214

34 Bauholz in Dachstühlen (und auch im freien Außenbereich) stellt einen Sonderfall dar und zählt nicht zum hier zu besprechenden Thema. Der ökologische Holzschutz für solche Anwendungsbereiche wird in einem weiteren Band in dieser Reihe vorgestellt werden.

35 Deutsche Gesellschaft für Holzforschung 1991a

36 DIN Deutsches Institut für Normung e.V., Deutsche Gesellschaft für Holzforschung e.V. 1990; dort S. 19

37 Deutsche Gesellschaft für Holzforschung 1991a. Bundesausschuß Farbe und Sachwertschutz 1989. Verein Deutscher Holzeinfuhrhäuser, Arbeitsgemeinschaft Holz 1971/1993.

38 Teischinger 1987

39 Österreichisches Holzforschungsinstitut 1985

40 Anonym 1983

41 Nicht darin besteht die Kunst des Sehens, Rot von Grün zu unterscheiden, sondern darin Rot von Rot zu unterscheiden, Grün und Grün auseinanderzuhalten.

42 Nach Angaben der AURO Pflanzenchemie GmbH, Braunschweig, in der Informationsschrift »Pflanzliche Lösemittel in ökologischer Sicht« aus dem Jahr 1990.

43 Zitiert nach Linden 1986, dort S. 145.

44 Renner, Rolle 1991

45 Gildemeister, Hoffmann 1956; dort S. 39 – 153

46 So wird auch für Benzin eine Bewertung mit dem Argument verweigert, weil Benzin ein Vielstoffgemisch ist. Bei Balsamterpentinöl einen anderen Maßstab anzulegen, ist nicht statthaft und zeugt möglicherweise von Interessengebundenheit der Bewertungskommissionen.

47 Bundesminister für Umwelt, Jugend und Familie 1991

48 Anonym 1992a

49 Katalyse 1992; dort S. 138. Näheres siehe auch Halder et al. 1985, denen zufolge aliphatische Kohlenwasserstoffe mit steigender Komplexität an Giftigkeit deutlich zunehmen.

50 Anonym 1992b. Greiner-Schuster 1988. Hedewig 1988.

51 Die Beschreibung der nachfolgend aufgeführten Methoden und Verfahren erfolgt im wesentlichen in Anlehnung an folgende Literatur: Sponsel, Wallenfang, Waldau 1987; Brasholz, Waldau, Wallenfang 1985; Bablick, Federl 1987; Dittrich, Wehmeyer 1990; Fußeder, Wenninger, Beck 1986. Teilweise wurden auch Werksangaben einiger Gerätehersteller verwendet.

52 Dittrich, Wehmeyer 1990; dort S. 116

53 In Anlehnung an Deutsche Gesellschaft für Holzforschung 1991b und an Becker 1985.

54 Die Viskosität der Naturprodukte ist jeweils auf den Technischen Merkblättern angegeben. Bis zu welchem Maß im einzelnen verdünnt werden muß, ist wiederum den Bedienungsanleitungen der Spritzgerätehersteller zu entnehmen. I.d.R. sind Produkte mit einer Viskosität unter 40 Sekunden (DIN 4 mm) nicht zu verdünnen; das betrifft also Naturharzöl-Lasuren, Schellacke und Natur-Bernsteinlack, die meist unverdünnt zu verspritzen sind.

55 Wird verdünnt, so sollte man bei Naturharzöl-Grundierung – wasserverdünnbar– bis zu einer Viskosität von 20 Sekunden (DIN 4 mm) und bei Naturharzöl-Wachs – wasserverdünnbar – bis auf eine Viskosität von 18 Sekunden (DIN 4 mm) herunterverdünnen.

56 Deutsche Gesellschaft für Holzforschung 1991b

Konsequenzen und Ausblick

57 Melzer 1986

58 Deutscher Forstwirtschaftsrat und Deutscher Holzwirtschaftsrat 1989; dort S. 6

Literaturverzeichnis

Anonym: Natürliche Überzugsmittel im Härtetest. Bericht über eine Forschungsarbeit des 4. Semesters der Fachschule für Holz in Stuttgart-Feuerbach. In: dds – Der Deutsche Schreiner und Tischler Heft 11 (1983) S. 15 – 17

Anonym: Tagungsbericht »Chemie-Ratschlag« 20. – 22.9.1991 in Magdeburg. In: Interessengemeinschaft der Holzschutzmittel-Geschädigten IHG e.V. (Hrsg.): IHG-Mitteilung IV, Dezember 1991. Engelskirchen: Eigenverlag (1991) S. 41

Anonym: Limonenöl als aktive Reinigungssubstanz. In: Seifen-Öle-Fette-Wachse 118. Jg. Heft 14 (1992)a S. 856

Anonym: Gelackmeiert/Gefährlicher Nervenkitzel. In: Öko-Test Sonderheft Nr. 9 »Bauen, Wohnen, Renovieren«. Frankfurt: Öko-Test-Verlag (1992)b S. 90 – 93

Apel, Karl; Hantschke, Bernhard: Oberflächenbehandlung von Holzfenstern. Stuttgart: Deutsche Verlags-Anstalt (1982)

Arbeitsgemeinschaft Holz e.V., Düsseldorf; Centrale Marketinggesellschaft der deutschen Agrarwirtschaft mbH (CMA), Bonn (Hrsg.): Außenbekleidungen aus Holz. Reihe Informationsdienst Holz. Düsseldorf/Bonn: Eigenverlag (1983; überarbeitet 1989)

Bablick, Michael; Federl, Siegfried: Das Fachwissen für den Maler und Lackierer. Köln-Porz: Verlag H. Stam (1987)

Becker, Heinrich: Vorbeugende Holzschutzmaßnahmen mit chemischen Mitteln. In: Der praktische Schädlingsbekämpfer 37. Jg. Heft 4 (1985) S. 54 – 56

Bode, Thilo: Sag mir, wo die Schurken sind. In: Süddeutsche Zeitung Magazin Nr. 39 vom 25.9.1992

Bosshard, Hans Heinrich: Holzkunde. Band 2 – Zur Biologie, Physik und Chemie des Holzes. Basel Boston Stuttgart: Birkhäuser Verlag (1984) 2. Auflage

Brasholz, Anto; Waldau, Ingo; Wallenfang, Wilhelm O.: Lexikon der Anstrichtechnik. Band 2 Anwendung. München: Verlag Georg D.W. Callwey (1985) 3. Auflage

Bundesausschuß Farbe und Sachwertschutz (Hrsg.): Merkblatt Nr. 18. Technische Richtlinien für Beschichtungen auf Fenstern und Außentüren sowie anderen maßhaltigen Außenbauteilen aus Holz. Stand Juli 1989. Frankfurt: Eigenverlag (1989)

Bundesinstitut für Berufsbildung, Berlin (Hrsg.): Oberflächenbehandlung. Lehrgang für die berufliche Bildung im holz- und kunststoffverarbeitenden Handwerk. Berlin: Beuth Verlag (1984) 2. Auflage

Bundesminister für Raumordnung, Bauwesen und Städtebau (Hrsg.): Konstruktionsmerkmale für Fenster. Forschungsbericht F 2019 in der Reihe Bau- und Wohnforschung. Stuttgart: IRB-Verlag (1986)

Bundesminister für Umwelt, Jugend und Familie: Verordnung des Bundesministers für Umwelt, Jugend und Familie über Verbote und Beschränkungen von organischen Lösungsmitteln (Lösungsmittelverordnung). In: Bundesgesetzblatt für die Republik Österreich, ausgegeben am 11. September 1991, 179. Stück, S. 2125 – 2127

CMA – Centrale Marketinggesellschaft der deutschen Agrarwirtschaft mbH, Bonn; Deutscher Holzschutz-Verband für großtechnische Imprägnierung e.V. (DHV), Koblenz (Hrsg.): Außenholz. Bonn/Koblenz: Eigenverlag (ohne Jahresangabe, erschienen vermutlich 1988)

Deutsche Gesellschaft für Holzforschung e.V. (Hrsg.): Merkheft Nr. 11. Oberflächenbehandlung von Holz im Außenbereich. München: Eigenverlag (1991)a

Deutsche Gesellschaft für Holzforschung e.V. (Hrsg.): Merkblatt ›Verfahren zur Behandlung von Holz mit Holzschutzmitteln‹. Teil 2: Nichtdruckverfahren. München: Eigenverlag (1991)b

Deutscher Forstwirtschaftsrat und Deutscher Holzwirtschaftsrat (Hrsg.): Impulsprogramm Holz – Vorwärtsstrategie für die deutsche Forst- und Holzwirtschaft. Rheinbach und Wiesbaden: Eigenverlag (1989)

DIN Deutsches Institut für Normung e.V.; Deutsche Gesellschaft für Holzforschung e.V. (Hrsg.): Holzschutz – Vorbeugender chemischer Holzschutz. Eine ausführliche Erläuterung zu DIN 68 800 Teil 3. Ausgabe April 1990. Berlin Köln: Beuth Verlag (1990)

DIN 68 364 – Kennwerte von Holzarten. Festigkeit, Elastizität, Resistenz. November 1979

Dittrich, Helmut; Wehmeyer, Hans: Oberflächenbehandlung in der Holzverarbeitung. Leinfelden-Echterdingen: DRW-Verlag Weinbrenner (1990) 2. Auflage

Dürr, Hans-Peter: Die Natur u.die Wirtschaft.: Bild d.Wissenschaft 28.Jg.Heft 10 /91, S.122 – 125

Falbe, Jürgen; Regitz, Manfred (Hrsg.): Römpp Chemie Lexikon. Band 6. Stuttgart. New York: Georg Thieme Verlag (1992) 9. Auflage

Fischer, Hermann: Farben, Ökologie und Sanfte Chemie. In: GBW Gesundes Bauen und Wohnen Heft 33 (1988) S. 3 – 6

Fischer, Hermann: Öko-Markt im Wandel: Situation und Zukunftsperspektiven der Naturwaren. AURO-Mitteilung Nr. 19. Braunschweig: AURO Pflanzenchemie GmbH (1990)

Fischer, Hermann: Plädoyer für eine Sanfte Chemie. Über den nachhaltigen Gebrauch der Stoffe. Karlsruhe: Verlag C.F. Müller; Braunschweig: Alembik Verlag (1993)

Fußeder, Hans; Wenninger, Heinrich; Beck, Heinrich; Beck, Friedrich: Holz-Oberflächenbehandlung. Augsburg: Verlag Wolfgang Zimmer (1986) 6. Auflage

Gildemeister, E.; Hoffmann Fr.: Die ätherischen Öle. Vierter Band. Berlin: Akademie-Verlag (1956) 4. Auflage

Greiner-Schuster, Edda: Vom Engel ist der Lack ab. In: Öko-Test-Magazin 11 (1988) S. 32 – 40

Grosser, Dietger: Pflanzliche und tierische Bau- und Werkholzschädlinge. Leinfelden-Echterdingen: DRW-Verlag Weinbrenner KG (1985)

Halder et al.: Hydrocarbon Nephropathy. In: Toxicology and Ind. Health 1. Jg. Nr. 3 (1985)S. 67

Hedewig, Sabine: Dicke Luft für dünne Farben. In: Öko-Test-Magazin Heft 6 (1988) S. 40 – 45

Holz-Lexikon. Leinfelden-Echterdingen: DRW-Verlag Weinbrenner KG (1988) 3. Auflage

Katalyse e.V., Institut für angewandte Umweltforschung (Hrsg.): Zimmerluft – Dicke Luft. Köln: Kiepenheuer & Witsch (1992)

Landesgewerbeamt Baden-Württemberg, Informationszentrum für betrieblichen Umweltschutz (Hrsg.): Betrieblicher Umweltschutz. 10: Maler und Lackierer. Stuttgart: Eigenverlag (1990)

Langendorf, G.; Schuster, E.; Wagenführ, R.: Rohholz. Leipzig: VEB Fachbuchverlag (1976)

Leiße, Bernhard: Holzschutzmittel im Einsatz. Bestandteile, Anwendungen, Umweltbelastungen. Wiesbaden: Bauverlag (1992)

Linden, Wolfgang: Konversion der Farbstoff-Industrie. In: Arbeitskreis Chemische Industrie und Katalyse (Hrsg.): Gift Macht Geld. Die Chemische Industrie und Strategien zu ihrer Entgiftung. Köln: Kölner Volksblatt Verlag (1986) S. 126 – 154

Melzer, Elisabeth: Farben: Vorsicht Chemie. In: Natur Sonderheft »Bauen + Wohnen«, ohne Jahresangabe (erschienen 1986) S. 71 – 73

Österreichisches Holzforschungsinstitut: Bericht über das Forschungsprojekt »Erforschung baubiologischer und bauphysikalischer Kennwerte« (Zl. F879/1–V–3/82). Wien: Eigenverlag (1985)

Renner, E.; Rolle, W.: Terpenemission von Nadelbäumen – Photooxidative Folgereaktionen. In: Umweltwissenschaft und Schadstoff-Forschung – Zeitschrift für Umweltchemie und Ökotoxikologie 3. Jg. Heft 4 (1991) S. 233 – 236

Schulze, Horst: Baulicher Holzschutz. Reihe Informationsdienst Holz, Holzbau Handbuch. München/Düsseldorf: Entwicklungsgemeinschaft Holzbau (EGH) in der Deutschen Gesellschaft für Holzforschung und Arbeitsgemeinschaft Holz (1991)

Sell, Jürgen: Aufgaben und Möglichkeiten des Holzschutzes durch Oberflächenbehandlung. In: defazet – Deutsche Farben-Zeitschrift 29. Jg. Heft 9 (1975) S. 372 – 376

Sell, Jürgen: Eigenschaften und Kenngrößen von Holzarten. Zürich: Baufachverlag AG (1987) 2. Auflage

Spannagel, Fritz: Der Möbelbau. Ravensburg: Otto Maier Verlag (1939) 3. Auflage

Sponsel, Kurt; Wallenfang, Wilhelm O.; Waldau, Ingo: Lexikon der Anstrichtechnik. Band 1 Grundlagen. München: Verlag Georg D.W. Callwey (1987) 8. Auflage

Teischinger, A.: Raumklimaregulierung durch Holz. In: Holz als Roh- und Werkstoff 45. Jg. Heft Nr. 1 (1987) S. 36

Teufel, Dieter; Bauer, Petra et al.: Leistungen und Funktionen der Biosphäre. UPI-Bericht Nr. 15. Heidelberg: Umwelt- und Prognose-Institut Heidelberg e.V. (1989)

Teufel, Dieter; Bauer, Petra et al.: Ökologische und soziale Kosten der Umweltbelastung in der Bundesrepublik Deutschland im Jahre 1989. UPI-Bericht Nr. 20. Heidelberg: Umwelt- und Prognose-Institut Heidelberg e.V. (1991)

Verein Deutscher Holzeinfuhrhäuser e.V.; Arbeitsgemeinschaft Holz e.V. (Hrsg.): Informationsdienst Holz. Merkblattreihe Holzarten. Hamburg/Düsseldorf: Eigenverlag (1971/1993)

Willeitner, Hubert; Schwab, Eckart (Hrsg.): Holz – Außenverwendung im Hochbau. Stuttgart: Verlagsanstalt Alexander Koch (1981)

Register

A

B

Übersicht der wichtigsten Anwendungsbereiche und der bevorzugt einzusetzenden Naturfarbenprodukte (vgl. auch S. 18-19)

Naturfarben-produkte / Anwendungs-bereiche	Leinölfirnis/Kräuterfirnis	Naturharzöl-Imprägniergrund	Natur-Hartöl-Imprägnierlasur	Naturharzöl-Klarlack	Natur-Bernsteinlack	Schellacke	Naturharzöl-Imprägniergrund + Lärchenharz-Möbelbalsam/Bienenwachs-Streichbalsam	Naturharzöl-Grundierung + -Wachs wasserverdünnbar	Natur-Hartöl-Imprägnierlasur + Pflanzen-Hartwachsbalsam	Naturharzöl-Imprägniergrund + Naturharzöl-Lasur	Naturharzöl-Imprägniergrund + Naturharz-Vorstreichfarbe + Naturharzöl-Weiß- oder -Buntlack
Innen:											
Decken		○					●	●		○	○
Fußböden					○				●		
Kinderspielzeug	●						●			○	○
Küchenarbeitsflächen	●										
Küchengeräte	●										
Möbel			○	○	○	○	●	●	○		
Regale									●		
Schreibtische									●		
Treppen									●		
Türen				○	○		●	●		○	○
Wandverkleidungen:											
- ohne Feuchtebelastung							●	●		○	○
- Schwallwasserbereich										●	○
Außen:											
Außentüren										●	○
Balkone (außer Fußboden)										●	○
Beeteinfassungen		○									
Fassaden										●	○
Fenster										●	○
Fußbodenbereich/Gartendecks		○									
Gartenmöbel										●	○
Geländer										●	○
Pergolen										●	○
Spielgeräte										●	
Stege		○									
Terassenböden		○									
Treppen		○									
Zäune										●	

● besonders gut geeignet ○ gut geeignet

Weitere hier nicht erwähnte Anwendungsbereiche und Behandlungsweisen lassen sich über die einzelnen Stichworte des Registers im Text auffinden.